风电功率特性分析与场景预测

Feature Analysis and Scenario Forecasting of Wind Power

黎静华 著

科 学 出 版 社

北 京

内 容 简 介

本书系统介绍了风电功率特性分析方法及其场景的模拟方法。全书分为上、下两篇,共14章。上篇介绍风电功率特性的分析方法,包括第1~7章,下篇介绍风电功率场景模拟的方法,包括第8~14章。第1章介绍了风电功率特性分析的数学基础和基本流程。第2~6章分别介绍了风电功率时序特性、相关特性、预测误差特性、波动特性、持续特性共5类特性的特征指标、研究方法、结果分析。其中,第3章对风电功率序列不适合于用线性相关系数描述进行了论证。第7章对未来风电功率特性的研究进行总结和展望。第8章介绍了风电功率场景模拟的定义和分类。第9~13章分别介绍考虑线性相关、考虑非线性相关单时段、单场站、多时段、多场站风电功率场景的生成方法。第14章对未来风电功率场景生成方法进行总结和展望。

本书可作为风电优化运行方向的研究生教材,也可供电气工程专业科研人员、高等院校教师和高年级学生参考。

图书在版编目(CIP)数据

风电功率特性分析与场景预测 = Feature Analysis and Scenario Forecasting of Wind Power / 黎静华著. —北京:科学出版社,2020.8

ISBN 978-7-03-065759-6

Ⅰ. ①风… Ⅱ. ①黎… Ⅲ. ①风力发电-功率-预测 Ⅳ. ①TM614

中国版本图书馆CIP数据核字(2020)第136050号

责任编辑:范运年 / 责任校对:王萌萌
责任印制:吴兆东 / 封面设计:蓝正设计

科学出版社 出版

北京东黄城根北街 16 号
邮政编码:100717
http://www.sciencep.com

北京九州迅驰传媒文化有限公司 印刷
科学出版社发行 各地新华书店经销

*

2020 年 8 月第 一 版 开本:720×1000 1/16
2023 年 1 月第三次印刷 印张:12 3/4
字数:257 000

定价:138.00 元

前　言

随着大规模风力发电并网，风电的随机特性给电力系统的安全运行和调度带来挑战。研究描述风电随机特性的指标及特性指标的数学表述方法，对更好地认识和利用风电，提高电力系统消纳风电的能力具有重要意义。本书从"认识风电特性、描述风电特性、预测风电功率场景"为出发点，基于大量的风电功率历史数据，从功率特性、时空相关特性、状态转移特性、状态持续特性、波动特性、预测误差特性等多个维度，剖析风电功率的随机特性。基于此，对风电功率场景进行模拟和预测，为电力系统规划与运行提供基础信息。

以风电场的历史数据为基础，本书重点对风电功率的特性及风电功率的场景模拟进行了系统深入的研究。本书分为上、下两篇。

上篇为风电功率特性分析方法，包括第 1～7 章。

第 1 章阐述风电功率特性研究的背景和意义，介绍风电功率分析的流程和数学基础，总结风电功率特性分析的研究现状，确定本书风电功率特性分析的研究内容和技术路线。

第 2 章介绍风电功率日曲线的时序特性分析方法，以美国 YoungCountry 风电场、爱尔兰 Ireland 风电场、德国 Tennet 风电场与英国 UK 风电场为例，对风电功率的日特性、统计特性、周期特性、爬坡特性等时序特性进行分析，提出相应的分析方法，并给出特性分析结果。

第 3 章介绍风电功率相关特性的研究方法，首先引入风电功率序列时空相关性的定义及风电功率序列相关性的测度。对风电功率序列不适合采用线性相关进行描述开展实证性研究，提出基于 Copula 函数描述风电功率序列相关性的研究方法，并开展相应的实证性研究。

第 4 章介绍风电功率预测误差特性的研究方法，对风电功率预测的种类进行分类，阐述了衡量风电功率预测效果的评价指标，介绍风电功率预测误差统计特性分析的方法，对风电功率预测误差的分布特性开展实证性的研究。

第 5 章介绍风电功率波动特性的研究方法。介绍风电功率波动特性指标的定义，研究风电功率序列在不同时间、空间尺度下的波动特性。以分钟级的风电功率波动特性为例，详细分析风电功率波动特性的分钟级概率分布。

第 6 章介绍风电功率持续特性的研究方法，包括对风电功率持续时间特性和风电功率状态转移特性进行研究，分别定义风电功率的持续时间特性和风电功率的状态转移特性，研究风电功率持续时间特性和风电功率状态转移特性指标的概率分布特性。

第 7 章对未来风电功率特性的研究进行了展望，包括对风电功率相关性、风电功率预测误差特性、风电功率波动特性及风电功率持续特性的研究进行了展望。

下篇为风电功率场景模拟方法，包括第 8～14 章。

第 8 章介绍风电场景模拟的定义和分类，阐述风电功率场景的定义、场景模拟的基本思想和过程、衡量风电功率场景模拟精度的指标、风电功率场景生成方法的分类。

第 9 章介绍基于 Cholesky 分解和超立方变换的矩匹配场景生成方法，针对单时段风电功率场景模拟进行研究，生成的场景考虑风电功率的各阶矩特性、相关特性，可为电网规划提供风电功率场景。

第 10 章介绍基于聚类、Cholesky 分解、矩匹配方法的场景削减方法，基于历史的风电功率数据进行削减，保留下风电功率的代表场景，该方法可适用于单时段、单风电场的场景模拟，也可适用于多时段、多风电场的场景模拟。本章介绍场景削减的基础理论，场景削减的经典方法，基于聚类、Cholesky 分解的改进矩匹配场景削减法，并开展方法的仿真验证。

第 11 章介绍基于最优化理论的场景生成方法，建立基于最优化理论的场景削减数学模型，提出解算场景削减模型的实用方法，并对该方法进行了实例验算，与其他场景削减方法进行对比，验证所提方法的优越性。该方法可适用于单时段、单风电场的场景模拟，也可适用于多时段、多风电场的场景模拟。

第 12 章介绍一种基于双向优化技术的场景生成实用方法，阐述双向场景优化生成方法的基本思路，介绍了"基于削减技术的纵向场景优化"和"基于禁忌搜索算法的横向场景序列生成"的方法步骤，并通过实例对方法进行验证。该方法可适用于单时段、单风电场的场景模拟，也可适用于多时段、多风电场的场景模拟。

第 13 章介绍基于 Copula 函数的场景生成方法。该方法针对单时段多风电场的场景模拟进行研究，考虑多个风电场之间的非线性相关特性，开展基于 Copula 函数的风电场出力非线性相关特性的实证性研究，提出基于 Copula 函数的场景优化方法，并通过实例对所提方法进行了验证。

第 14 章对当前风电功率场景生成方法进行了总结分析。

本书是本人及课题组成员在风电领域近十年研究成果的总结，重点研究了风电功率特性分析和风电功率场景模拟。书中的大部分内容都来源于本人博士后期间的研究成果，特别要感谢我的博士后导师程时杰院士和文劲宇教授，他们在我学术成长道路上给予了大量的帮助、支持和鼓励。感谢广西大学智能调度与控制课题组全体成员的大力支持和帮助，感谢广西大学电气工程学院提供的工作环境。

本书的研究得到了国家自然科学基金项目(51377027)、中国博士后自然科学基金项目(2012M511613)、中国博士后自然科学基金特别资助项目(2013T60717)、国家重点研发项目(2016YFB0900101)项目的支持。此外，还参阅了国内外著作和文献资料，在此对这些作者表示衷心的感谢。

　　由于作者水平有限，书中难免有不当之处，欢迎广大读者给予指正。

黎静华

2020 年 3 月于南宁

目　　录

下篇　风电功率场景模拟方法

方法及模型符号说明

编号	中文	英文
1	自回归模型	autoregressive model，AR
2	自回归移动平均模型	autoregressive and moving average model，ARMA
3	差分自回归移动平均模型	autoregressive integrated moving average models，ARIMA
4	凝聚型层次聚类算法	agglomerative hierarchical clustering，AHC
5	自相关函数	autocorrelation function，ACF
6	前向后向法	backward-forward，BF
7	用层次方法的平衡迭代规约和聚类	balanced iterative reducing and clustering using hierarchies，BIRCH
8	反向法	backward，BK
9	聚类算法	clustering，C
10	乔列斯基分解法	Cholesky decomposition，CD
11	结合聚类、乔列斯基和矩匹配	combination of moment-matching，Cholesky and clustering，MMCC
12	最大似然估计法	expectation maximization，EM
13	欧式距离	Euclidean distance，ED
14	前向选择	forward selection，FS
15	启发式搜索	heuristic search，HS
16	启发式矩匹配法	heuristic for moment-matching，HMM
17	直觉模型	here-and-now，HN
18	重要性采样法	importance sampling，IS
19	K 均值聚类算法	K-mean clustering，KMC
20	K 中心点聚类算法	K-medoids clustering，KMDC
21	拉丁超立方采样法	Latin hypercube sample，LHS
22	移动平均模型	moving average model，MA
23	蒙特卡罗法	Monte Carlo，MC
24	马尔可夫链蒙特卡罗	Markov Chain Monte Carlo，MCMC
25	矩匹配法	moment-matching，MM
26	矩匹配聚类法	moment-matching cluster，MMC

27	最优削减方法	optimal reduction，OR
28	最优潮流	optimal power flow，OPF
29	最优场景生成法	optimization scenario generate，OSG
30	田口直交表	orthogonal array，OA
31	偏自相关函数	partial autocorrelation function，PACF
32	粒子群优化	particle swarm optimization，PSO
33	持续与波动的蒙特卡罗法	persistence and variation-Monte Carlo，PVMC
34	自组织映射型神经网络	self-organizing map，SOM
35	场景树	scenario tree，ST
36	两步聚类	two-step clustering，TSC
37	双向优化技术	two-dimensional optimal technology，TOT
38	禁忌搜索	tabu search，TS
39	静观模型	wait-and-see，WS
40	最优潮流静观模型	wait-and-see optimal power flow，WS-OPF

上篇 风电功率特性分析方法

在自然界中，风能储量大，分布广。全球的风能约为 $2.74 \times 10^9 \text{MW}$，其中可利用的风能为 $2 \times 10^7 \text{MW}$，比地球上可开发利用的水能总量还要高 10 倍。利用风力发电非常环保，并且能够产生的电能非常巨大，但它的能力密度低（只有水能的 1/800），而且不稳定。风能的不稳定导致风电出力呈现间歇性和波动性，没有规律性，难以被电力系统的运行人员"掌控"，给电力系统的安全稳定运行带来不少困扰。

为了更好地认识、了解和利用风电，首先要对风电进行多方面、多维度、多粒度的分析。例如，了解风电出现的时间、出现的大小、关联的影响因素、变化的大小、变化持续的时间等。当我们掌握了风电这些特性之后，就可以做到"知己知彼，百战不殆"。

为此，本书定义并分析风电的时序特性、相关特性、预测误差特性、波动特性和持续特性等特性指标，并采用数学方法解析风电的特性指标，将其广泛应用于电力系统的规划调度运行中，把风电从"被动应对"转变为"主动调控"，为电力系统的安全稳定运行提供方法和途径。

第1章 风电功率特性分析概述

1.1 引 言

随着化石能源日益枯竭与环境污染日益严重，利用清洁可再生能源代替传统化石能源的任务十分紧迫。风能作为一种资源丰富、分布广泛的清洁可再生能源，是非常理想的替代能源。目前风力发电在全球范围内的发展十分迅速，2018年全球风电新增装机容量达 49.1GW，累计容量达到 563.7GW，累计装机容量增长9.5%[1]。全球风能理事会认为 2021 年全球风电有望达到 800GW，就我国来说，国家发展和改革委员会也提出了到 2020 年底，确保实现全国风电并网装机容量达2.1 亿 kW 以上的战略目标[2]。

然而，大规模风电并网将给电力系统的运行和调度带来挑战[3]。传统的电力系统主要依靠火电厂发电，电源端输出功率稳定且可控，仅负荷侧随机变化，本质上为一组可控的变量跟随一组随机变量，相对比较容易实现。在含有大规模风电的电力系统中，风力发电具有较强的随机性，大规模风电并网使电力系统的电源端呈现出了强随机性。本质上，电力系统功率平衡演变为两组随机变量的平衡，这给电力系统的运行与控制带来了极大挑战。

因此，有必要对风电功率的特性进行分析，认识风电的随机变化特性，掌握其变化的数学表征方法。这对含大规模风电的电力系统规划、运行、调度、控制等具有重要指导意义。

1.2 风电功率特性分析流程

目前，描述风电功率特性的主要手段是提出刻画风电功率特性的指标，并侧重于研究这些指标的统计特性，也就是确定这些指标的概率分布函数。通过对风电功率特性指标的概率分布函数进行分析，可以较好地描述随机变化风电功率的统计规律。基于概率分布函数，可以计算得到风电功率的其他统计特征指标，例如均值、方差、峰度和偏度等。风电功率特性分析包括两个方面的工作，即特性指标的选择和特性指标概率分布函数的确定，如图 1-1 所示。

从图 1-1 中可见，进行风电功率统计特性分析的主要流程为：

(1)收集历史数据，计算特性指标。对风电功率数据进行采集和整理，基于历史风电序列，对特性指标进行计算，获得特性指标的样本集。

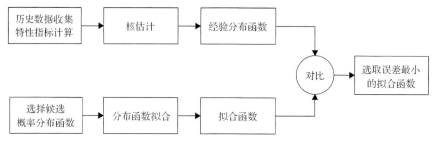

图 1-1　风电功率统计特性分析的流程图

(2)基于特性指标的样本集进行核估计,获得经验分布函数。采用核估计方法对数据的概率分布函数进行估计,得到经验分布函数。经验分布函数是与样本经验测度相关的分布函数,是对历史样本点的累积分布函数的估计。统计学中,当历史样本相当大时,经验分布函数是真实分布函数的一个良好近似。因此,经验分布函数常常作为选择概率分布函数的参考函数。

(3)选择候选的概率分布函数。通过对分布函数的形状分析,结合经验分布函数的形状,可以初步选取有可能较好表征风电特性指标分布的函数作为候选的概率分布函数。例如,风电的波动率分布函数的形状与含位置尺度参数的 t 分布函数或正态分布函数相似,那么可以选择含位置尺度参数的 t 分布函数或正态分布函数作为候选的概率分布函数。

(4)对候选概率分布函数的参数进行拟合。基于历史的数据分别对候选的概率分布函数的未知参数进行拟合,计算候选概率分布函数的参数,从而得到候选概率分布函数的表达式。

(5)确定描述特性指标特征的概率分布函数。将候选概率分布函数与经验分布函数进行对比,选取与经验分布函数误差最小的候选函数,作为最终的描述该风电功率特性指标的概率分布函数。

1.3　涉及的统计指标及概率分布函数

为了方便读者开展风电功率特性分析工作,本节列出所用到的数据来源,特性指标的定义及分类、常见的概率分布函数以及统计指标的计算方法。

1.3.1　数据来源

历史数据是风电功率特性分析的基础。不同区域、不同容量风电场、不同风机类型、不同季节、不同时间尺度的风电功率特性均有可能会呈现出不同的特性。因此,在对风电功率特性进行分析时,需要收集不同区域、不同季节与不同年份的数据,即多时空尺度的数据进行研究,以获得更全面、更准确的风电功率特性结果。表 1-1 列出了本书使用到的数据来源。

表 1-1　本书的数据来源

编号	风电场(群)	地点	采样间隔	时间段	容量/MW
1	Delaware	美国	1min	2008 年 1～9 月	28.5
2	Woolnorth	澳大利亚	5min	2011 年 7 月	137
3	Brazos	美国	1min	2008 年 1～9 月	160
4	Capridge	美国	1min	2008 年 1～9 月	364
5	Ireland	爱尔兰	15min	2015 年 1 月～2015 年 6 月	2000
6	UK	英国	5min	2011 年 5 月 27 日～2012 年 12 月 2 日	4631
7	TenneT	德国	5min	2016 年 1～6 月	9090
8	Bovia	美国	1h	2010 年 1～12 月	—
9	CochranCounty	美国	1h	2010 年 1～12 月	—
10	TTNorth	美国	1h	2010 年 1～12 月	—
11	WhiteDeer	美国	1h	2010 年 1～12 月	—
12	YoungCounty1	美国	1h	2010 年 1～12 月	—
13	YoungCounty2	美国	1h	2010 年 1～12 月	—
14	北方某风电场	中国	15min	2016 年 1～12 月	—
15	50Hertz	德国	15min	2012 年 1～12 月	12200
16	Amprion	德国	15min	2012 年 1～12 月	5314.4
17	APG	德国	15min	2012 年 1～12 月	1071.9

1.3.2　特性指标

风电功率特性指标是风电功率特性的直观表征，根据不同的需求可选取不同类别的特性指标进行分析计算。表 1-2 列出了本书特性指标的分类及定义。

表 1-2　特性指标的分类和定义

指标分类	指标名称	指标定义
时序特性指标	日/月/年最大功率	一日/月/年内发电功率的最大值
	日/月/年最小功率	一日/月/年内发电功率的最小值
	日/月/年平均功率	一日/月/年内发电功率的平均值
	日峰谷差	一日内发电功率最大值与最小值之差
相关特性指标	线性相关系数	变量间的线性相关性
	肯德尔(Kendall)秩相关系数	变量间的变化趋势一致相关性
	斯皮尔曼(Spearman)秩相关系数	变量变化一致与不一致的相关性
	基尼(Gini)相关系数	衡量随机变量变化方向和变化程度一致性的指标

续表

指标分类	指标名称	指标定义
预测误差特性指标	均方根误差	各个预测值与实测值偏差的平方和平均后的方根
	平均绝对误差	各个预测值与实测值偏差的绝对值的均值
	平均误差	各个预测值与实测值偏差的均值
波动特性指标	波动率	相邻两个时间点的风电功率差值除以日最大风电功率
	日平均波动率	一天内风电功率波动率绝对值的均值
	日最大/小向上爬坡率	一天内向上爬坡的最大/小速率
	日最大/小向下爬坡率	一天内向下爬坡的最大/小速率
持续时间特性指标	状态持续时间	风电功率连续维持在同一状态的时间长度
	状态转移特性	当前时段风电功率与前一个或前几个时段功率的关系

1.3.3 常见的概率分布函数及统计指标

1. 常见的概率分布函数[4]

常见的概率分布函数如表 1-3 所示。

表 1-3 常见的概率分布函数

编号	概率分布函数	编号	概率分布函数	编号	概率分布函数
1	贝塔分布 (Beta distribution)	8	核分布 (kernel distribution)	15	含位置尺度参数 t 分布 (t location-scale distribution)
2	伯恩鲍姆桑德斯分布 (Birnbaum-Saunders distribution)	9	罗吉斯蒂克分布 (logistic distribution)	16	均匀分布 (uniform distribution)
3	指数分布 (exponential distribution)	10	正态分布 (normal distribution)	17	威布尔分布 (Weibull distribution)
4	伽马分布 (Gamma distribution)	11	高斯分布 (Gaussian distribution)	18	广义误差分布 (generalized error distribution)
5	高斯混合分布 (Gaussian mixture distribution)	12	瑞利分布 (Rayleigh distribution)	19	拉普拉斯分布 (Laplace distribution)
6	逆高斯分布 (inverse Gaussian distribution)	13	莱斯分布 (Rician distribution)		
7	对数正态分布 (lognormal distribution)	14	学生 t-分布 (student's t distribution)		

2. 常见的统计指标(随机变量的数字特征)[5]

(1)均值:样本的均值定义为 $E(X) = \sum_{i=1}^{n} \frac{1}{n} x_i$,样本均值描述了样本观测数据取值相对集中的中心位置。

(2) 数学期望(expectation),是最基本的数学特征之一,反映了随机变量平均取值的大小。

定义:设离散随机变量 X 的分布律为

$$P\{X=x_k\}=p_k, \qquad k=1,2,\cdots \tag{1-1}$$

若级数 $\sum\limits_{k=1}^{\infty} x_k p_k$ 绝对收敛,则级数 $\sum\limits_{k=1}^{\infty} x_k p_k$ 的和为随机变量 X 的数学期望,记为 $E(X)$,即

$$E(X)=\sum_{k=1}^{\infty} x_k p_k \tag{1-2}$$

设连续性随机变量 X 的概率密度为 $f(x)$,若积分 $\int_{-\infty}^{\infty} xf(x)\mathrm{d}x$ 绝对收敛,则称积分 $\int_{-\infty}^{\infty} xf(x)\mathrm{d}x$ 的值为随机变量 X 的数学期望,即为 $E(X)$,即

$$E(X)=\int_{-\infty}^{\infty} xf(x)\mathrm{d}x \tag{1-3}$$

(3) 方差和标准差。

样本方差有如下两种形式的定义:

$$S^2=\frac{1}{n-1}\sum_{i=1}^{n}(x_i-\overline{X})^2 \tag{1-4}$$

$$S^2=\frac{1}{n}\sum_{i=1}^{n}(x_i-\overline{X})^2 \tag{1-5}$$

式中,$\overline{X}$ 为样本 X 的均值。

样本标准差是样本方差的算术平方根,相应的也有两种形式的定义:

$$S=\sqrt{\frac{1}{n-1}\sum_{i=1}^{n}(x_i-\overline{X})^2} \tag{1-6}$$

$$S=\sqrt{\frac{1}{n}\sum_{i=1}^{n}(x_i-\overline{X})^2} \tag{1-7}$$

样本方差或标准差描述了样本观测数据变异程度的大小。

(4) 最大值和最小值:最大的样本值(最大值)或最小的样本值(最小值)。

(5)极差：样本中的最大值与最小值之差，极差可以作为样本观测数据变异程度大小的一个简单度量。

(6)中位数：将样本观测值从小到大依次排列，位于中间的那个观测值，称为样本中位数，它描述了样本观测数据的中间位置。与样本均值相比，中位数基本不受异常值的影响，具有较强的稳定性。

(7)众数：在统计分布上具有明显集中趋势点的数值，众数描述了样本观测数据中出现次数最多的数。

(8)变异系数：该系数是衡量数据资料中各变量观测值变异程度的一个统计量。当进行两个或多个变异程度的比较时，如果单位与平均值均相同，可以直接利用标准差来比较。如果单位与平均值不相同，比较其变异程度就不能采用标准差，而需采用标准差与平均数的比值(相对值)来比较。标准差与平均值的比值称为变异系数。

(9)偏度：样本偏度反映了总体分布函数曲线的对称性信息，偏度越接近于0，说明分布越对称，否则分布越偏斜。若偏度为负，说明样本服从左偏分布(概率密度的左尾巴长，顶点偏向右边)；若偏度为正，样本服从右偏分布(概率密度的右尾巴长，顶点偏向左边)。偏度系数为正表示概率密度函数的右边尾部比左边尾部更长或更肥，如图1-2中曲线2所示；偏度系数为负则表示概率密度函数的左边尾部比右边尾部更长或更肥，如图1-2中的曲线3所示；偏度系数为0则表示该概率密度函数具有对称结构，如图1-2中的曲线1所示，为正态分布函数。偏度的计算公式为

$$S = \frac{E(X-\mu)^3}{\sigma^3} \tag{1-8}$$

式中，μ 为 X 的均值；σ 为 X 的标准差；E 为期望。

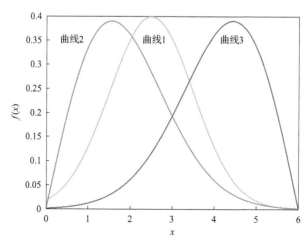

图1-2 偏度示意图

(10)峰度：样本峰度反映了总体分布曲线在其峰值附近的陡峭程度。正态分布的峰度为 3，如图 1-3 中的曲线 1 所示。若样本峰度大于 3，说明总体分布密度曲线在其峰值附近比正态分布陡，如图 1-3 中的曲线 2 所示；若样本峰度小于 3，说明总体分布密度曲线在其峰值附近比正态分布平缓，如图 1-3 中的曲线 3 所示。峰度 K 的计算公式为

$$K = \frac{E(X - \mu)^4}{\sigma^4} \tag{1-9}$$

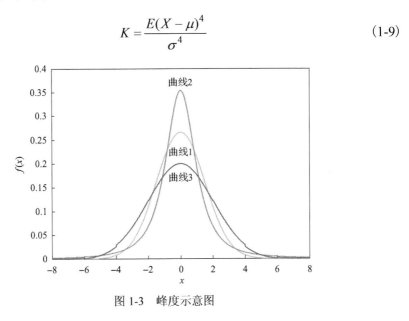

图 1-3　峰度示意图

(11)JB 统计量：为了判断概率分布函数是否服从正态分布，下面定义 JB 统计量：

$$JB = \frac{n(S^2 + K^2 / 4)}{6} \tag{1-10}$$

式中，$K_1 = K{-}3$；n 为样本容量；S 为偏度。

Jarque 和 Bera 证明了 JB 统计量服从自由度为 2 的 χ^2 分布。当设定显著水平 α，若 JB $< \chi_\alpha^2(2)$，则样本服从正态分布；若 JB $> \chi_\alpha^2(2)$，则样本分布不服从正态分布，有尖峰。

(12)原点矩：定义样本的 k 阶原点矩为 $A_k = \frac{1}{n}\sum_{i=1}^{n} x_i^k$，显然样本的 1 阶原点矩就是样本均值。

(13)中心矩：定义样本的 k 阶中心矩为 $A_k = \frac{1}{n}\sum_{i=1}^{n} (X_i - \mu)^k$，$\mu$ 表示样本的均

值，显然样本的 1 阶中心矩为 0，样本的 2 阶中心距为样本方差。

（14）协方差：两随机变量 X、Y 间的协方差定义为 $\text{cov}(X,Y) = E[(X - E(X))(Y - E(Y))]$，$E$ 表示数学期望。从定义不难看出，协方差是描述变量之间相关程度的统计量。两个随机变量 X 和 Y 的协方差定义为

$$\text{cov}(X,Y) = \frac{1}{N-1} \sum_{i=1}^{N} (x_i - \mu_A)^{\text{T}} (y_i - \mu_B) \tag{1-11}$$

式中，μ_X 和 μ_Y 分别为 X 和 Y 的均值。

1.4 风电功率特性分析研究现状

风电功率的特性分析，指的是以风电功率的历史数据为基础，计算风电功率特性指标，再对各类指标进行分析。通过对风电功率进行统计分析，可以了解其特点和规律。比如，当已知风电功率的概率分布时，就可知风电功率大于某给定值的概率是多少，为电力系统调度提供参考信息。随着风电并网规模的增大，近年来，已经有不少研究者针对风电功率特性进行分析。目前，风电功率特性的研究主要包括日特性、相关特性、预测误差特性、波动特性、持续特性等，下面对这几类特性的研究现状进行介绍。

1. 风电功率日特性的研究现状

风电功率日特性主要是对不同时间尺度下风电功率的最大值和均值等指标进行分析研究。文献[6]对东北电网的风电功率特性进行了研究，主要包括风电功率不同时间尺度的特性，例如年、季节、日特性等，并分别分析了不同时间尺度下负荷率的特点。文献[7]对风电功率的季节特性、日特性和波动性进行了分析，并依据分析结果生成了风电功率时间序列。文献[8]对甘肃酒泉风电功率的特性进行了更为全面的定义和分析，包括季节特性，即每个季节风电功率平均值的分布特性；日特性，即同一季节中每天相同时段风电功率均值构成的日特性曲线；以及不同时间尺度的出力变化率以及调峰特性等。上述文献通过对风电功率进行统计分析，为风电并网电力系统的规划与运行提供基础信息。

2. 风电功率相关特性的研究现状

当一个风电场风电功率发生变化时，其他风电场风电功率会按相同或相反方向变化，风电场风电功率之间的这种关系，称为风电功率的相关特性。对含有多个风电场的电力系统来说，研究不同风电场间风电功率的相关关系，可以更加全

面地表征出多个风电场风电功率同时性的特点，为含有多个风电场的电力系统规划、运行、调度和控制提供更加全面的参考信息。风电功率的相关特性在电力系统的潮流计算/概率潮流计算、场景模拟、优化调度、风电功率预测及可靠性分析等方面均得到广泛的应用。风电功率相关特性主要研究有两类，一类是研究不同风电场风电功率之间的相关关系，一类是研究同一风电场风电功率在不同时段间的相关关系。目前，对风电功率相关特性的研究主要集中在研究不同风电场间相关关系，主要研究方法有以下几种。

(1)第一种方法为假设风电功率服从已知的分布，再使用线性相关系数对风电功率间的相关性进行表征，以此来研究风电功率之间的相关性关系[9,10]。此类方法假设风电功率服从某种常见的分布，虽然处理简单方便，但是假设风电功率服从某种分布会存在误差，降低计算的精度。此外，研究表明，线性相关系数只有在随机变量服从多元正态分布、球形和椭球分布情况下，才能很好地反映相关关系[11]。因此，该类方法存在一定的局限性。

(2)第二种方法为根据历史数据按经验设定相关系数。此类方式是通过大量的实验，根据经验获得风电功率间的相关系数，实际中较难操作，并不普及。

(3)第三种方法为使用回归分析模型对风电功率间的非线性相关关系进行描述。其中，回归模型包括有自回归模型、移动平均模型、自回归移动平均模型[12]和差分自回归移动平均[13]等模型，使用此类方法研究相关关系，能较好描述风电功率序列间的相关性，但是需要大量的观测数据进行参数拟合，对样本的数据量有一定的要求。

(4)第四种方法为采用 Copula 函数研究非线性相关关系[14]。对于 Copula 函数的研究要追溯到 1959 年 Sklar 提出的 Sklar 定理，这个定理证明了对于一个有限维的联合分布函数，可以先对各个变量的边缘分布函数单独进行研究，而后再选择合适的 Copula 函数将这些边缘分布函数连接起来，从而得到联合分布函数[15]，这个定理的证明为 Copula 函数的应用奠定了坚实的数学基础。Copula 函数在描述风电功率相关性时，比线性相关系数更有优势，它不仅能够描述风电功率之间的相关性，而且还能描述相关结构。已有研究者将 Copula 理论应用于考虑风电功率相关性的概率潮流中[16]，采用 Copula 函数对风电功率之间的非线性相关性进行研究是当前热点之一。

上述研究方法中，第一种研究方法由于其计算简单方便的特点已经得到了大量应用[17,18]，但线性相关系数无法准确地表征风电功率之间的相关关系[19]。因为风电功率之间不但存在线性相关关系，也存在非线性相关关系，所以采用回归模型分析或 Copula 函数对风电功率间的相关关系进行研究更为准确，目前已有许多研究应用实例[20,21]，也是今后研究的重点。

3. 风电功率预测误差特性研究现状

准确地对风电功率进行预测，是缓解风电给电网带来挑战的最基础、最有效的手段之一。然而，不论采用何种预测方法，预测得到的风电功率与实际的风电功率总会存在偏差，此偏差称为预测误差。对风电功率的预测误差特性进行分析，有助于将误差分析结果反馈给风电功率预测模型，进而制定相关措施提高预测精度。

目前，按照不同预测形式，风电功率预测主要分为确定性预测与不确定性预测两类。确定性预测主要是指功率点预测；不确定性定预测包含区间预测[22]、概率预测[23]等。根据使用的预测方法不同，评价预测误差的指标也多种多样，预测误差特性研究主要就是对各类评价指标的分布等统计信息进行分析。

(1)风电功率的点预测：点预测是对风电功率值进行预测。评价点预测误差的常用指标有平均绝对误差百分比、平均绝对误差、均方根误差和均方根等。风电功率点预测的误差分析主要是对预测误差指标的概率分布进行统计分析。如文献[24]对风电功率的预测误差特性进行分层分析，根据预测误差特性的分析结果选取较优的预测模型；文献[25]对不同预测时间尺度的预测误差概率分布进行了分析，对预测时间和预测误差之间的关联关系进行分析。

(2)风电功率的区间预测：区间预测是在给定置信水平下，对风电功率预测值的上下界进行预测，其输出是风电功率的上界与下界。评价区间预测效果的指标有区间覆盖率、预测区间平均宽度、累计带宽偏差等指标，通过比较各类评价指标来对预测模型的优劣进行判断[26]，评判预测效果。

(3)风电功率的概率预测：概率预测是利用待预测时段之前的相关样本统计信息，对未来时段风电功率的概率分布进行预测，其输出是风电功率的概率分布函数。评价概率预测效果的指标有平均相对误差、均方根误差、平均分位数得分、平均中心概率区间等。

目前，风电功率预测误差特性分析主要是分析预测误差指标的概率分布[27]。分析风电功率预测误差特性的作用，主要在于通过对风电功率预测误差指标的比较来选取较优的预测模型，以及通过研究预测误差的概率分布来确定系统合适的运行状态。例如，文献[28]基于BP神经网络预测风电功率，指出预测结果的误差概率分布近似符合正态分布，从而对预测效果进行评判；文献[29]、[30]采用贝塔分布拟合风电功率的预测误差，并将其用于确定风电场储能的最佳额定容量。目前，专门对风电功率预测误差特性的研究仍处在初步的阶段，仍需要更进一步的研究。

4. 风电功率的波动特性研究现状

风电功率的另一个重要特性是波动特性，风电功率的输出受到风速、风向、气压等一系列因素的影响，所以风电功率具有很强的随机波动性。

对风电功率的波动特性进行分析，是对风电功率的波动量进行统计，用统计得到的波动量概率分布等数学统计信息表征风电功率的波动特性。如文献[31]利用滚动平均法得到风电功率分钟级波动分量，并发现该波动分量服从含位置尺度参数 t 分布，这种分布与正态分布相比，具有中间尖，两端稍胖，即"胖尾性"的特点。特别地，风电功率波动量的统计结果依据波动的时间间隔不同而不同。文献[32]利用递归率对风电功率的波动特性进行刻画，分析了不同空间尺度下风电功率波动性的变化规律。文献[33]采用时间序列及概率统计的方法分析了内蒙古电力调度中心在实际运行中统计的风电数据，主要分析了不同时间尺度下风电功率的变化率、负荷率及地区相关性等指标。

5. 风电功率持续特性研究现状

近年来，在对风电功率相关特性与波动特性研究的基础上，进一步发展现了风电持续特性的研究。风电功率的持续特性，指的是风电功率一直维持在一定范围内的时间[34]，风电功率的持续时间特性不仅仅是对风电功率波动性的考量，也是对风电功率连续维持在同一状态时间的定量描述，对风电功率持续特性的研究丰富了对风电功率特性的刻画。

在目前对风电功率持续特性的研究中，主要是通过风电功率持续时间的概率分布或是风电功率的状态转移概率矩阵进行分析，如文献[35]中将风电功率的范围均匀等分，定义每个子区间代表风电功率的一个状态，对风电功率在一个状态内持续的时间进行研究；文献[36]基于多个风电场的大量实测功率数据的研究发现，逆高斯分布较适合用于描述风电功率状态持续时间的概率分布，通过状态概率转移矩阵量化描述了风电场功率状态之间的跳变程度。

目前对于风电功率持续时间特性的研究仍较少，主要集中在研究定义不同状态时风电功率持续时间变化与风电功率持续时间分布两个方面。对风电功率持续时间特性的研究，不但可以了解风电功率在一个出力状态可能的持续时间，还能了解风电功率从一个状态转移到另一个状态的概率，为电力系统运行调度提供参考信息。

6. 风电功率特性分析现状总结

综上所述，国内外虽然已经有部分学者和机构开展了针对风电功率特性的研究工作，但是，目前的研究主要针对风电功率的波动特性，且多为定性分析，而风电功率除波动特性外还有诸多其他特性需要挖掘。因此，利用数学方法对风电功率的特性进行全面定量的分析是一项亟须开展的工作。

本书主要结合作者及研究团队近 10 年的研究成果，汇集和整理了当前与风电功率特性相关的最新研究进展为含风电电力系统规划、运行和控制提供参考信息。

1.5 风电功率特性分析内容

本书对风电功率的时序特性、相关特性、预测误差特性、波动特性、持续特性等方面进行分析。第 2 章介绍风电功率的时序特性;第 3 章介绍风电功率的相关特性;第 4 章介绍风电功率的预测误差特性;第 5 章介绍风电功率的波动特性;第 6 章介绍了风电功率的持续特性;在第 7 章中对各类特性的研究进行总结和展望。下面将本书所涉及的特性分析内容以及各类特性的主要评价指标列于表 1-4 中。

表 1-4　本书涉及的特性分析内容

类别	研究内容	
风电功率时序特性	功率值特性	风电功率的总体特性、分时段的风电功率特性
	日特征值特性	日功率曲线、日最大功率、日最小功率、日平均功率、日峰谷差等指标的特性
风电功率预测误差特性	日前风电功率预测误差特性、日内风电功率预测误差特性	
风电功率持续特性	风电功率的持续时间特性、风电功率的状态转移特性	
风电功率波动特性	风电功率的平均波动特性、风电功率的爬坡特性	
风电功率相关特性	时间尺度:线性相关、非线性相关 空间尺度:线性相关、非线性相关	

第 2 章 风电功率日曲线的时序特性分析

2.1 引   言

风电功率日曲线的时序特性分析是指对风电功率一天之内的变化规律及曲线特性进行分析，主要包括对日特性、统计特性、长时间特性、爬坡特性等特性的分析。日特性分析主要是分析风电功率日曲线的形状规律等信息；统计特性分析主要是对风电功率日曲线中的最大值、平均值、最小值、方差、各阶矩等统计指标进行分析；长时间特性分析是对风电较长周期内特性的变化规律进行分析。

一般来说，与负荷相比，风电功率的随机性较强，日曲线的规律性较差，预测精度较低，相邻时刻的风电功率波动性较大，这些均给电力系统的调度带来了较大的挑战。因此，对风电功率的日特性进行分析，有助于了解风电功率在不同时段的出力特点，对于机组的出力计划制定、调峰、备用容量的确定等，均有指导意义。

本章首先介绍风电功率的日特性指标，然后介绍风电功率日特性的分析方法，最后以美国 YoungCounty 风电场、爱尔兰 Ireland 风电场群及德国 Tennet 风电场群数据为例，开展实证性研究，本章的主要工作如表 2-1 所示。

表 2-1 本章主要分析内容

风电场(群)名称	分析内容
美国 YoungCounty 风电场	日特性分析
爱尔兰 Ireland 风电场群	日特性分析
	长周期特性分析
	统计特性
	爬坡特性
德国 Tennet 风电场群与 UK 风电场群	长周期特性
	统计特性

2.2 风电功率的日特性分析

本节以美国 YoungCounty 风电场及爱尔兰 Ireland 风电场群数据为例，对风电功率的日特性进行分析。

2.2.1 美国 YoungCounty 风电场风电功率日特性分析

风电功率的日特性分析，主要是对风电功率日曲线中的最大值、平均值、最小值等特性指标进行统计分析。本节以美国 YoungCounty 风电场 2010 年 1 月 1 日～12 月 31 日共 365 天间隔 15min 96 点的风电功率数据为样本，对风电功率的日特性进行统计分析。

图 2-1(a) 是 1～3 月份中最大风电功率日曲线，从图中可以看出，当天的风电功率在凌晨时段较大，在两点左右达到最大值。此后，风电功率持续下降，并在 18 点左右达到最小值，之后逐渐回升。图 2-1(b) 是一年四个季度的最大风电功率日曲线，从图中可以直观地观察到两点：一是风电功率的波动性很大，不管是在哪一个季度风电功率在一天内都会有明显的变化；二是风电功率的大小会随着季度的变化而变化，第一季度的风电功率在全年中是最大的，第四季度次之，而第三季度的风电功率最小。

通过对典型的风电功率曲线进行分析，可以掌握风电功率在一天内的最大/最小出力及发生时间，并了解不同月份风电功率的变化规律。

2.2.2 爱尔兰 Ireland 风电场群风电功率日特性分析

为了观察风电功率的日特性，本节以爱尔兰 Ireland 风电场群(风电场群的容量为 2000MW)2015 年 1 月 1 日～6 月 30 日共 181 天间隔 15min 96 点的风电功率

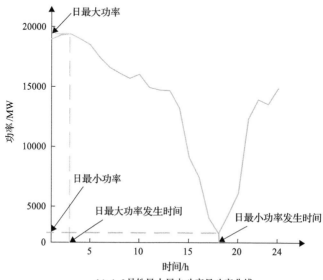

(a) 1~3月份最大风电功率日功率曲线

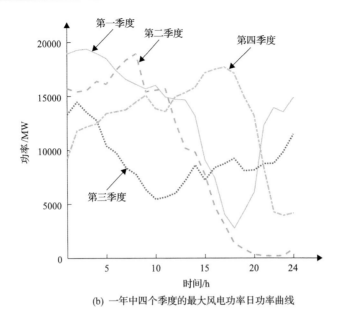

(b) 一年中四个季度的最大风电功率日功率曲线

图 2-1　不同季节风电功率曲线

日曲线为样本，对风电功率的日曲线特点进行统计分析。从爱尔兰 Ireland 风电场群前半年的风电功率数据中，选取每个月第 1 个星期的风电功率曲线作图，得到如图 2-2 所示的风电功率日曲线。

从图 2-2 可以看到：

(1)在所示的任意月份中，风电功率相邻日的功率曲线均未存在任何规律性，风电功率的日曲线呈现出不同的形状，不存在类似于负荷曲线中的"双驼峰"或"单驼峰"等明显的形状特征。例如，图 2-2(a)中，1 月份相邻 7 天的风电功率曲线中，有些天的风电功率曲线峰值出现在半夜，有些天的风电功率曲线峰值出现在白天，其他月份也存在类似特点。

(2)在各个月份中，相邻日的风电功率峰值的大小差异较大。例如，2 月份、4 月份、6 月份中，有些天的最大风电功率为 1500MW 以上，而有些天的最大风电功率为几兆瓦甚至几乎为零，且相邻日的峰谷差变化不一，也不存在相似性。

(3)在各个月份中，风电功率的日曲线相邻时刻变化程度大小不一，难以基于历史数据进行准确预测。从图 2-2 中各个月份的风电功率日曲线可以看到，有些天的 96 点风电功率变化比较平稳，如图 2-2(a)(c)中箭头所指的日期；但有些天的 96 点风电可以从 1800MW 跌至几十兆瓦，如图 2-2(e)中箭头所示的日期。

从图 2-2 可以看出，相邻日的风电功率曲线并不具有规律性，且在同一天内，风电功率的波动范围也很大。当风电规模化并网之后，将给电力系统的调度带来极大的挑战。

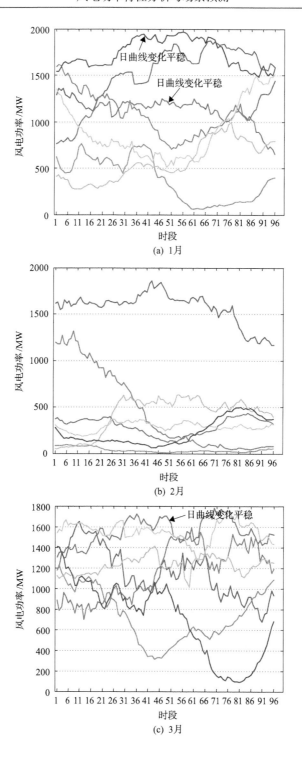

(a) 1月

(b) 2月

(c) 3月

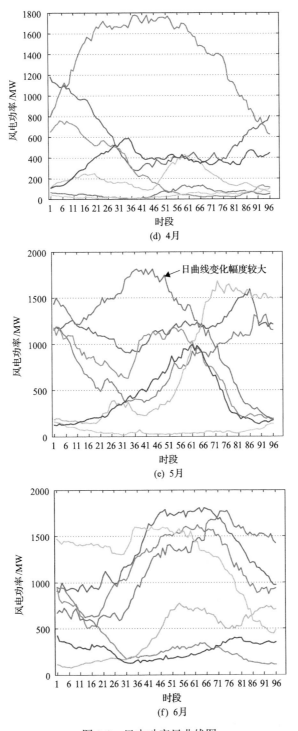

图 2-2 风电功率日曲线图

2.3　风电功率的统计特性分析

风电功率的统计特性分析，主要是对风电功率日特性曲线中的最大值、平均值、最小值、均值、各阶矩等指标进行统计分析。本节以爱尔兰 Ireland 风电场群、德国 Tennet 风电场群、英国 UK 风电场群数据为样本对风电功率的统计特性进行分析。

2.3.1　爱尔兰 Ireland 风电场群风电功率的统计特性分析

本节从以下 3 个方面对风电功率进行统计：

(1)对风电功率的总体概率分布进行统计，分析风电功率的概率分布情况。

(2)对风电功率的日最大、日最小、日平均及峰谷差等特性进行统计，分析风电功率特性指标的概率分布情况。

(3)对每个时段的风电功率进行统计，分析各时段风电功率的概率统计特征。

图 2-3 为爱尔兰 Ireland 风电场群从 2015 年 1 月 1 日～6 月 30 日每天 96 点共 17376 个风电功率数据点的概率分布图。图中，给出了风电功率的频率直方图、核密度估计图和正态分布密度图。核密度估计是风电功率经验分布函数的反映，是一种比较接近风电功率实际分布的概率密度函数。从核密度估计的曲线可以看到，风电功率并不服从某种常见的分布。对比核密度估计曲线和正态分布曲线来看，风电功率实际的概率分布与正态分布差异很大。由此可见，常见的概率分布函数，例如正态分布、t-分布函数都难以准确反映风电功率的概率分布特性。

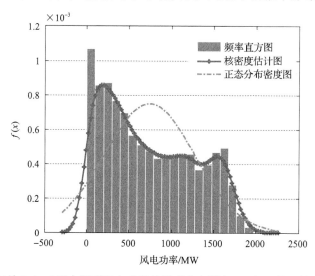

图 2-3　爱尔兰 Ireland 风电场群风电功率的概率分布图(2015 年 1 月 1 日～6 月 30 日)

图 2-4 为爱尔兰 Ireland 风电场群 2015 年 1 月 1 日～6 月 30 日共 181 天的日最大风电功率、日最小风电功率和日平均风电功率的概率分布图。

对比图 2-4(a)、(b) 和 (c) 可以看到：

(1)无论是日最大风电功率、日最小风电功率还是日平均风电功率，其核概率密度估计图均属于不规则的曲线。也就是说，常规的概率分布函数，如正态分布、t-分布等函数均难以准确描述其概率分布特征。通过图形的对比也可以看出，日最大风电功率、日最小风电功率和日平均风电功率的概率分布与正态分布函数曲线均存在较大的差异。

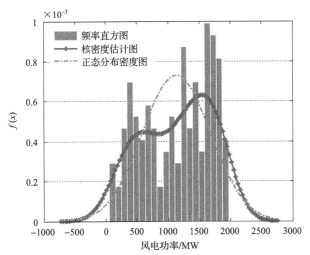

(a) 爱尔兰Ireland风电场群风电功率最大值概率分布图

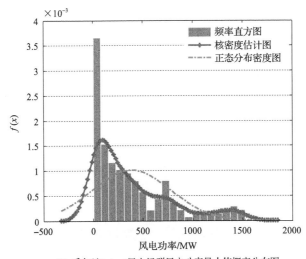

(b) 爱尔兰Ireland风电场群风电功率最小值概率分布图

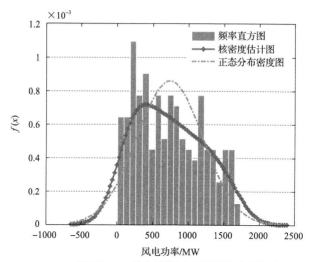

(c) 爱尔兰Ireland风电场群风电功率均值概率分布图

图 2-4　爱尔兰 Ireland 风电场群风电功率分布图

(2)日最大风电功率、日最小风电功率和日平均风电功率三者的概率分布函数差别较大，三者不服从同一个分布，不能用统一的概率分布函数进行描述。

图 2-5 为爱尔兰 Ireland 风电场群 2015 年 1 月 1 日～6 月 30 日共 181 天的峰谷差概率分布图。从图中可以看出，该风电场的峰谷差分布在几十兆瓦到 1500MW 左右一个较大的范围内。由于风电场的装机容量为 2000MW，峰谷差最大可达到容量的 75%左右，这要求电力系统具有较强的灵活性电源调节能力。此外，从图 2-5 可以看出，该风电场的峰谷差分布曲线亦属于不规则曲线，难以通过常见的概率分布函数准确描述。

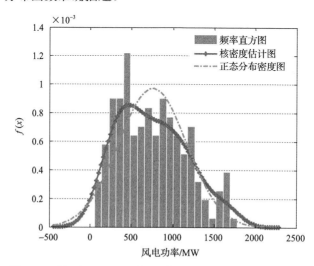

图 2-5　爱尔兰 Ireland 风电场群日曲线峰谷差的概率分布图

表 2-2 为风电功率日曲线的峰值、谷值、均值、峰谷差的概率统计特征指标，包含了最大值、最小值、均值、方差、偏度和峰度。

表 2-2　风电功率日曲线的统计特性

特性指标	最大值/MW	最小值/MW	均值/MW	方差/MW	偏度	峰度
平均功率	1739.8	15.40	742.26	464.63	0.3261	1.9825
峰值	1969	59	1135.4	546.05	−0.2816	1.7693
谷值	1525	3	382.2	394.05	1.2658	3.7545
峰谷差	1783	56	753.19	410.82	0.4469	2.3845

从表 2-3 数据看，风电功率日特征指标的偏度均不为 0，验证了它们不服从正态分布。风电功率的峰值偏度小于 0，从图 2-4(a) 也可以看出，峰谷差分布曲线向左偏。谷值的偏度系数最大，为 1.2658，从图 2-4(b) 可以看出，谷值的分布的右侧具有较长的尾部。

从表 2-3 的数据可以看出，风电功率的均值、峰值、峰谷差的峰度系数均小于 3，说明其有比正态分布更长的尾部，而谷值的峰度系数大于 3，说明其尾部比正态分布短，它们均不服从正态分布。图 2-4 和图 2-5 的分布曲线也可验证这个结论。

表 2-3 是对 96 个时段的风电功率进行统计的结果，由于时段总数较多，所以不便于将每个时段的概率分布采用图形的方式给出。从表 2-4 可以看出，各个时段的偏度均不为 0，峰度也不等于 3，可见，各个时段的风电功率均不服从正态分布。

表 2-3　风电功率各时刻的统计特性

时段	最大值/MW	最小值/MW	均值/MW	方差/MW	偏度	峰度
1	1818	7	728.94	520.15	0.39	1.88
2	1904	6	728.48	523.75	0.40	1.87
3	1893	7	722.01	520.32	0.40	1.88
4	1868	6	720.05	520.01	0.39	1.85
5	1826	7	714.27	517.59	0.39	1.86
6	1770	7	713.77	517.71	0.39	1.85
7	1810	7	715.83	523.01	0.39	1.86
8	1856	6	712.36	518.73	0.39	1.86
9	1804	6	708.24	515.40	0.39	1.87
10	1806	7	703.24	509.89	0.39	1.90
11	1818	7	698.31	504.95	0.39	1.91
12	1799	6	694.29	502.72	0.40	1.93
13	1812	5	692.07	501.92	0.42	1.96
14	1822	5	689.49	499.76	0.42	1.95

续表

时段	最大值/MW	最小值/MW	均值/MW	方差/MW	偏度	峰度
15	1805	4	686.73	494.05	0.41	1.94
16	1798	3	685.52	492.57	0.41	1.93
17	1728	4	683.42	493.98	0.43	1.94
18	1741	3	683.94	496.50	0.44	1.93
19	1721	4	681.77	494.28	0.44	1.94
20	1744	4	681.33	496.52	0.46	1.95
21	1724	4	680.14	496.26	0.47	1.95
22	1732	5	681.03	495.09	0.46	1.97
23	1801	5	680.42	496.77	0.49	2.01
24	1799	4	683.28	500.25	0.49	2.03
25	1790	4	680.92	499.55	0.51	2.07
26	1785	6	688.56	511.80	0.53	2.06
27	1792	7	691.93	516.89	0.54	2.07
28	1788	5	687.14	517.83	0.57	2.13
29	1776	5	684.56	520.18	0.60	2.17
30	1811	5	683.03	525.78	0.62	2.18
31	1804	5	682.58	528.96	0.64	2.23
32	1836	5	681.87	532.26	0.66	2.25
33	1855	5	687.94	533.74	0.64	2.23
34	1898	4	686.07	534.67	0.64	2.24
35	1907	5	687.53	535.17	0.62	2.19
36	1927	4	688.57	536.17	0.61	2.17
37	1920	3	690.96	537.55	0.58	2.12
38	1939	3	698.04	539.69	0.55	2.06
39	1942	5	703.73	543.53	0.55	2.04
40	1918	6	704.67	542.04	0.53	2.00
41	1894	5	713.82	544.80	0.51	1.97
42	1884	6	722.38	547.09	0.48	1.93
43	1914	6	724.75	546.57	0.47	1.92
44	1936	6	737.83	552.19	0.43	1.86
45	1864	6	742.53	550.09	0.40	1.83
46	1855	6	752.53	551.04	0.37	1.82
47	1847	6	756.45	549.51	0.35	1.81
48	1873	6	765.51	552.60	0.34	1.80
49	1935	6	775.24	556.92	0.30	1.76
50	1929	4	782.68	558.37	0.27	1.72

续表

时段	最大值/MW	最小值/MW	均值/MW	方差/MW	偏度	峰度
51	1928	6	784.21	552.83	0.25	1.72
52	1929	6	787.47	553.49	0.23	1.70
53	1941	8	793.78	552.36	0.21	1.71
54	1961	13	798.56	549.50	0.20	1.73
55	1964	18	796.97	546.63	0.19	1.72
56	1967	17	805.18	548.37	0.17	1.71
57	1963	15	807.11	544.39	0.16	1.71
58	1945	14	812.17	543.57	0.14	1.69
59	1896	9	812.07	541.11	0.13	1.68
60	1871	9	810.22	538.69	0.13	1.68
61	1893	6	812.64	538.68	0.13	1.69
62	1917	4	809.16	536.25	0.15	1.74
63	1900	5	809.68	532.61	0.13	1.73
64	1917	5	814.14	537.69	0.16	1.76
65	1899	7	813.54	537.15	0.15	1.75
66	1846	12	815.47	544.57	0.17	1.70
67	1913	11	814.32	545.12	0.20	1.74
68	1909	9	815.34	550.16	0.22	1.76
69	1899	7	813.91	552.21	0.22	1.75
70	1969	6	818.39	559.79	0.24	1.78
71	1958	5	814.41	556.97	0.26	1.79
72	1918	7	813.69	553.76	0.25	1.79
73	1925	9	809.75	553.91	0.27	1.81
74	1962	9	805.74	553.66	0.29	1.82
75	1913	7	801.50	549.26	0.29	1.81
76	1878	8	801.62	548.15	0.27	1.77
77	1858	10	793.30	546.62	0.29	1.77
78	1877	14	784.12	544.95	0.32	1.79
79	1882	14	778.62	540.57	0.33	1.78
80	1856	14	776.65	538.94	0.34	1.81
81	1797	13	770.70	534.39	0.33	1.79
82	1785	13	764.69	532.20	0.35	1.82
83	1794	11	759.01	529.09	0.36	1.85
84	1786	12	752.64	526.33	0.37	1.86
85	1836	12	753.22	524.84	0.38	1.91
86	1846	14	748.05	524.79	0.39	1.91
87	1864	16	742.46	518.38	0.39	1.92
88	1830	12	738.06	517.05	0.39	1.90

续表

时段	最大值/MW	最小值/MW	均值/MW	方差/MW	偏度	峰度
89	1775	8	736.57	514.72	0.37	1.86
90	1843	5	728.94	511.25	0.37	1.85
91	1847	5	725.01	515.35	0.40	1.88
92	1813	5	728.44	515.01	0.36	1.81
93	1771	5	727.32	516.11	0.38	1.84
94	1788	7	733.19	525.78	0.41	1.89
95	1805	7	728.97	523.56	0.41	1.89
96	1821	7	725.48	522.71	0.41	1.88
平均值	1857.39	7.28	742.44	529.87	0.37	1.89
最大值	1969.00	18.00	818.39	559.79	0.66	2.25
最小值	1721.00	3.00	680.14	492.57	0.13	1.68

为了分析表2-3中各个时段的最大值、最小值、均值、方差、偏度和峰度的差异情况，图2-6分别画出它们的频次图，横坐标为风电功率的数值，纵坐标为各物理量在矩形条宽度内出现的次数，其数值等于在矩形条宽度内出现的时段数目。

从图2-6(a)可以看出，各个时段风电功率的均值分布在(680, 820)MW，大约有25个时段的风电功率均值在680MW左右，有18个时段的风电功率均值在(800, 820)MW。从总体来看，各个时段的风电功率的均值差异不是十分明显。

从图2-6(b)可以看出，各个时段风电功率的方差分布在(490, 560)MW，方差在550MW的时段稍多，共有17个时段。从总体来看，各个时段风电功率的方差分布比较均匀。

从图2-6(c)可以看出，各个时段风电功率的偏度在(0.15, 0.65)，偏度在0.4附近的时段较多，超过35个时段，其他数值出现的次数比较均匀。

从图2-6(d)可以看出，各个时段风电功率的峰度在(1.7, 2.25)，峰度小于2时段较多，大于2的时段较少。

从图2-6(e)可以看出，各个时段风电功率的最大值在(1725, 1950)MW，最大值基本上大于1800MW，小于1750MW的时段较少。

从图2-6(f)可以看出，各个时段风电功率的最小值在(3, 18)MW，每个时段的风电功率最小值都小于18MW，大部分时段的最小值都小于8MW。

对比图2-6(e)和(f)可以看到，风电功率在每个时段都可能出现较大的值(几乎到额定值)，也可能出现较小值(几乎到零)，因此，风电功率在每个时段的数值并无规律。

从图2-6总体来看，风电功率的大小在各个时段的分布都比较均匀，不存在类似于"白天风电较大，晚上风电较小"、"白天风电较小，晚上风电较大"或在某个时段风电功率的大小具有明显特征的情况。

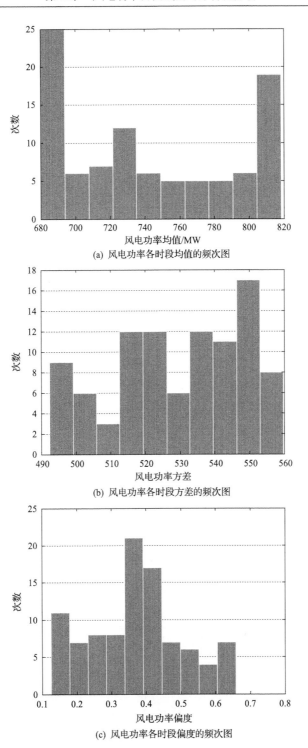

(a) 风电功率各时段均值的频次图

(b) 风电功率各时段方差的频次图

(c) 风电功率各时段偏度的频次图

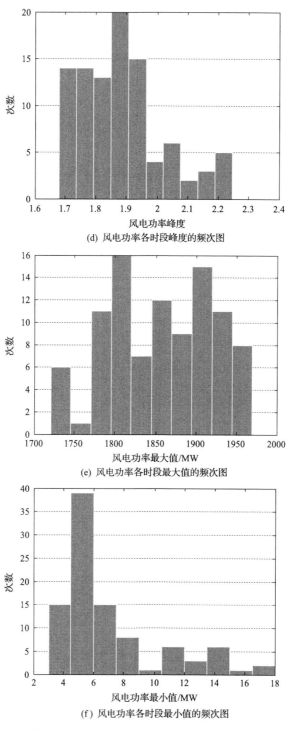

(d) 风电功率各时段峰度的频次图

(e) 风电功率各时段最大值的频次图

(f) 风电功率各时段最小值的频次图

图 2-6　风电功率 96 时段的统计特征频次图

通过上述的分析可以看到，风电功率曲线不存在明显的规律特征，也不服从某一种常见的概率分布，因此准确预测风电功率是一个非常困难的问题。

2.3.2　德国 Tennet 风电场群与英国 UK 风电场群风电数据统计特性分析

与上节对应，本节主要从风电功率、风电功率的日最大、日最小、日平均及峰谷差特性进行统计，分析风电的概率分布情况。

图 2-7 为德国 Tennet 风电场群从 2016 年 1 月 1 日～6 月 30 日与英国 UK 风电场群从 2012 年 1 月 1 日～6 月 30 日的风电功率概率分布图，给出了风电功率的频率直方图、核密度估计图和正态分布密度图。由图中可见，该风电功率概率分布与正态分布差异较大，而与威布尔分布较为相近。

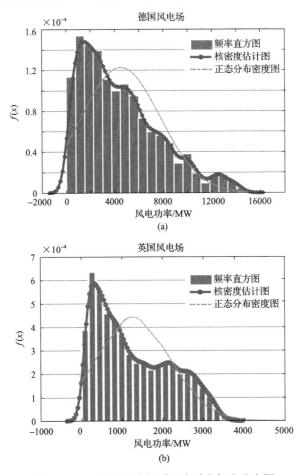

图 2-7　德国/英国风电场群风电功率概率分布图

图 2-8 为德国/英国风电场群分别在 2016 年与 2012 年 1～6 月份日最大风电功率、日最小风电功率和风电功率峰谷差的概率分布图。

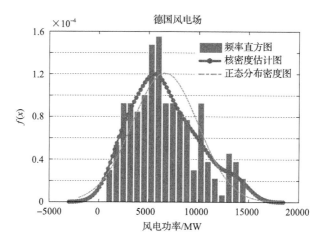

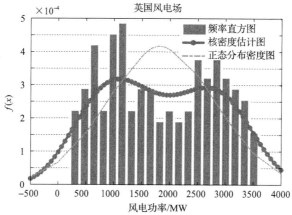

(a) 德国/英国风电场群风电功率最大值概率分布图

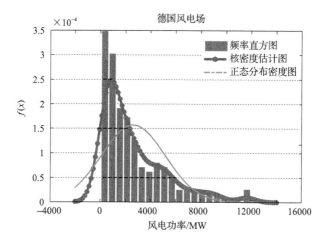

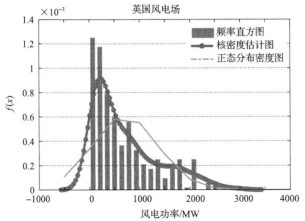

(b) 德国/英国风电场群风电功率最小值概率分布图

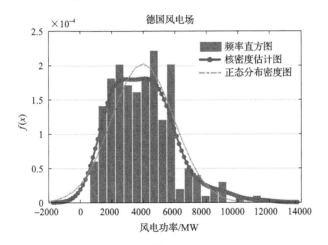

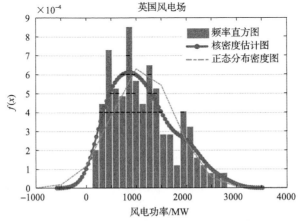

(c) 德国/英国风电场群风电功率峰谷差概率分布图

图 2-8　德国/英国风电场群风电功率分布图

对比图 2-4 与图 2-8 可以看到，对于不同区域的风电场，其风电功率的最大值、最小值、峰谷差的分布是类似的。例如，图 2-4(a)、(b) 与图 2-8(a)、(b) 比较相似。图中，风电功率最大值的分布都呈单峰状或双峰状，而最小值的概率分布与威布尔分布接近。同时，图中给出了正态分布的拟合曲线。从图中可以看出，包括峰谷差在内的概率分布曲线与正态分布曲线相似程度比较低，说明风电功率特性难以直接采用常见的概率分布函数进行准确描述。

2.4 风电功率长时间特性分析

对风电功率的长时间特性进行分析，可以对风电功率在较长时间段内(例如一个季度)的特性指标的变化情况进行分析，为掌握风电功率长时间的变化趋势提供参考信息。本节以爱尔兰 Ireland 风电场群、德国 Tennet 风电场群、UK 风电场群数据为样本对风电功率的长时间特性进行分析。

2.4.1 爱尔兰 Ireland 风电场群风电功率的长时间特性曲线分析

研究数据为爱尔兰 Ireland 风电场群从 2015 年 1 月 1 日~6 月 30 日每天 96 点共 17376 个风电功率数据。如图 2-9 所示为爱尔兰 Ireland 风电场群 1 月~6 月每天的最大风电功率、最小风电功率和平均风电功率。

从图 2-9 可以看出，无论是日最大风电功率、日最小风电功率，还是日平均风电功率，每天的风电功率变化幅度都非常大，曲线呈现出剧烈的锯齿状，且反复振荡，说明每天风电功率的大小波动剧烈且无常。例如，图 2-9(a) 所示日最大风电功率最大值约为 2000MW，而日最大风电功率最小值约为 60MW；图 2-9(b)

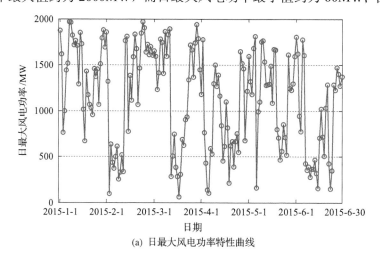

(a) 日最大风电功率特性曲线

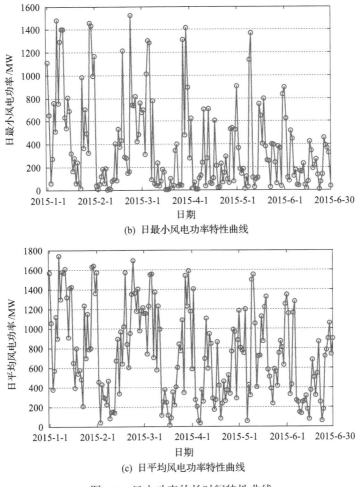

(b) 日最小风电功率特性曲线

(c) 日平均风电功率特性曲线

图 2-9　风电功率的长时间特性曲线

所示的日最小风电功率曲线中，日最小风电功率最大值约为 1500MW，而日最小风电功率最小值约为 0MW；图 2-9(c)所示的日平均风电功率曲线中，日平均风电功率最大值约为 1800MW，而日平均风电功率最小值约为 10MW。可见，风电功率曲线的日最大、最小、平均值差异也很大，不存在明显的规律性。

从 2.3 节的分析来看，风电功率曲线的形状、最大值、最小值、平均值都未存在明显的规律性特征。

2.4.2　德国 Tennet 风电场群与英国 UK 风电场群长时间特性分析

对德国 Tennet 风电场群 2016 年 1 月 1 日～6 月 30 日的风电功率数据与英国 UK 风电场群 2012 年 1 月 1 日～6 月 30 日的数据的最大风电功率、最小风电功率和平均风电功率进行分析，如图 2-10 所示。

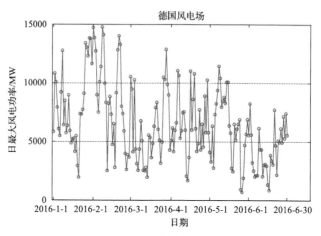

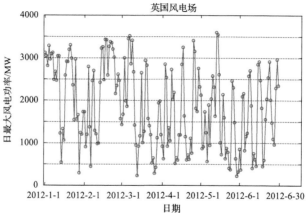

(a) 日最大风电功率特性曲线

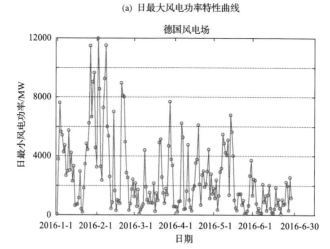

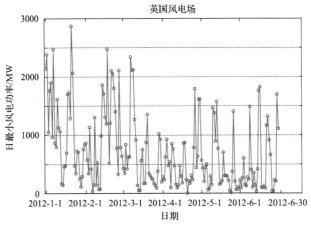

(b) 日最小风电功率特性曲线

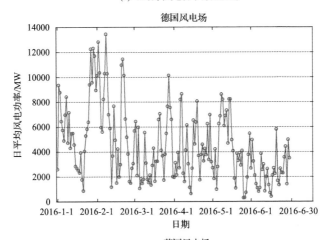

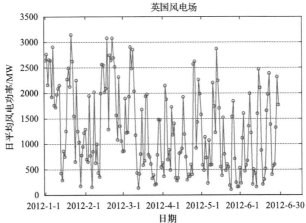

(c) 日平均风电功率特性曲线

图 2-10　风电功率的长时间特性曲线(德国 Tennet 风电场、英国 UK 风电场)

从图 2-10 可见，与图 2-9 类似，无论是日最大风电功率、日最小风电功率和日平均风电功率，其曲线呈现出剧烈的锯齿状，且反复振荡，这说明每天风电功率的大小波动剧烈且无常。

2.5 风电功率爬坡特性分析

风电功率的爬坡特性分析是对风电功率在相邻时段的变化情况进行分析研究，风电功率爬坡特性的研究可以为系统设置备用、制定调度计划提供重要参考信息。当风电功率向上爬坡过大时，若系统可调节的灵活性容量不足，则导致弃风；反之，当风电功率向下爬坡过大时，若系统可调节的灵活性容量不足，则导致切负荷或系统频率下降。本节以爱尔兰 Ireland 风电场群 2015 年 1 月 1 日～6 月 30 日的风电功率数据为例，对风电功率的爬坡特性进行分析，分别取爱尔兰 Ireland 风电场群 2015 年 1 月 1 日～6 月 30 日的风电数据中，相邻 15min、30min、45min 和 60min 的风电功率的爬坡量和爬坡率进行分析，爬坡量和爬坡率的计算方法如下：

爬坡量=下一个时刻的风电功率–前一个时刻的风电功率。

爬坡率=（下一个时刻的风电功率–前一个时刻的风电功率）/前一时刻的风电功率。

对所得的爬坡率进行统计，得到的统计结果如表 2-4 和图 2-11 所示。

表 2-4 风电功率的爬坡特性统计

间隔时间/min	爬坡量/MW		爬坡率	
	向上最大值	向下最大值	向上最大值	向下最大值
15	226	−230	2.000	−0.5429
30	329	−359	2.667	−0.5909
45	415	−352	3.125	−0.6875
60	503	−430	4.500	−0.7895

从表 2-4 可看出，时间间隔越长，风电的爬坡量和爬坡率就越大。从图中可以看出，60min 的向上爬坡率是 4.5，向下爬坡率是–0.7895，即相隔 1h 的向上爬坡最大值达到前一时刻风电功率的 4.5 倍，向下爬坡的最大值是前一时刻的 78.95%，均属于较高的爬坡事件，这要求电力系统在制定调度计划时，需要充分考虑到风电功率的爬坡特点，提前预留足够的灵活性调节容量，保证电力系统的安全可靠运行。

图 2-11 是根据爱尔兰 Ireland 风电场群 2015 年 1 月 1 日～6 月 30 日的风电功率爬坡率所做的概率分布图。从图中可以看出，虽然与核密度估计相比，正态分布函数曲线略显宽胖，但是与频率直方图偏差并不大，特别是间隔 15min 和间隔

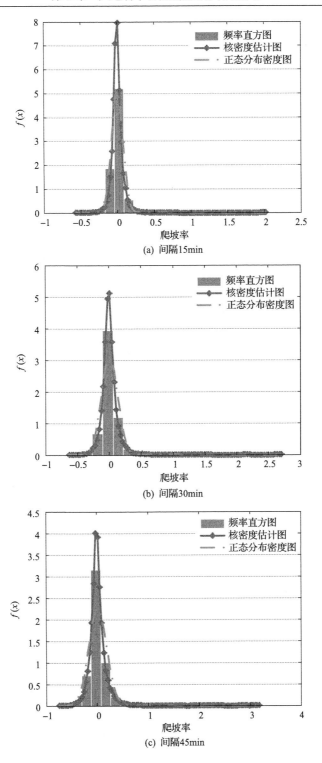

(a) 间隔15min

(b) 间隔30min

(c) 间隔45min

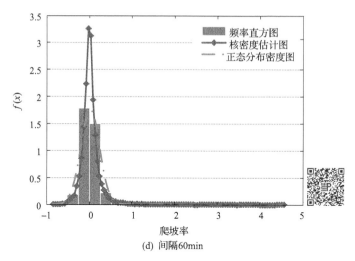

(d) 间隔60min

图 2-11　风电功率的爬坡率分布特性(彩图扫二维码)

60min 的爬坡率的概率分布与正态分布非常接近。如果该风电场的风电爬坡率近似服从正态分布，这将为电力系统调度运行提供非常重要的基础信息。当然，这还需要对更多的风电场更大范围的风电数据进行深入的研究和探讨。

本节主要针对爱尔兰 Ireland 风电场群的爬坡事件进行统计和分析。虽然所得的结果仅适用于这些风电场，但是分析的方法具有普适性。我们可以采用相同的方法，对其他风电场的风电数据进行类似的统计分析，为预测和利用风电提供基础信息，这有利于制定更高质量的调度计划，更好地应对风电的不可预测性和波动特性，保证电力系统的安全可靠运行。

第3章 风电功率序列的相关特性

3.1 引　言

研究风电功率的时空相关特性对电力系统计算和分析具有重要意义。一方面，考虑风电功率的相关特性可以更加准确地反映风电功率特性，有利于电力系统的分析计算，为电力系统的规划、运行、调度和控制提供参考。另一方面，已知不同风电场或同一风电场风电功率在相邻时段的相关关系，则可以通过已经发生的风电功率对未来风电功率进行预测。目前，风电功率的相关特性在电力系统的概率潮流计算[37-40]、场景模拟[41,42]、优化调度[43]、风电功率预测[44,45]及可靠性分析[46]方面均得到广泛应用。

风电功率相关特性研究方法可归纳为以下 4 种：①假设风电功率序列服从正态分布的条件，用线性相关系数表征线性相关特性[9,47,48]。这种方法只适用于随机变量服从椭球分布和球形分布的情况[49]。②按经验设定相关系数[46]。这种方法需要通过大量的实验，根据经验获得，较难操作。③利用 ARMA 模型拟合相关系数[12]。这种方法可以较好地描述风电功率之间的相关关系，但是需要利用大量的观测数据对参数进行拟合。④采用 Copula 函数计算非线性相关系数[42,43]，这种方法可以较好地描述风电功率之间的非线性相关特性，并且与线性相关系数、秩相关系数、尾部相关系数有着直接的联系，可以更加全面地描述相关关系。

本章从时间和空间两个角度，引入了线性相关系数、Kendall 秩相关系数、Spearman 秩相关系数、Gini 关联系数和 Copula 函数对风电功率的相关特性进行分析和计算，提出描述风电功率相关特性的 Copula 函数建立和选择方法。以美国 Texas 州的 Amarillo 市附近的 6 个风电场(Bovia、CochranCounty、TTNorth、WhiteDeer、YoungCounty1、YoungCounty2)为例，对风电序列的相关特性进行计算分析。

3.2 风电功率序列的时空相关特性

3.2.1 风电功率序列时空相关特性概述

1. 风电功率序列的时间相关特性

风电功率序列时间相关特性是指研究同一风电功率序列、不同时间间隔的风电功率之间的相关特性。所研究的时间相关特性一般是指趋势相关，即相同风电功率序列不同时间间隔的风电功率同时增大或同时减小的关联性。

图 3-1 为 Bovia 风电场的风电功率序列趋势相关性示意图[50]。图 3-1(a) 表示间隔 1h 的风电功率序列之间的相关关系，从图中可以看出，它们之间的时间趋势相关性较强。例如，在虚线标注区间内，它们变化趋势较一致，同时增大或同

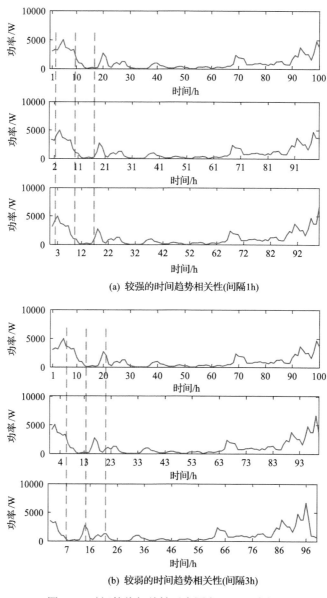

(a) 较强的时间趋势相关性(间隔1h)

(b) 较弱的时间趋势相关性(间隔3h)

图 3-1　时间趋势相关性示意图(Bovia 风电场)

时减小。图 3-1(b) 表示间隔 3h 的风电功率序列之间的相关关系，从图中可以看出，它们之间的时间趋势相关性较弱。例如，在虚线标注区间内，它们变化趋势不一致，不是同时增大或同时减小。

2. 风电功率序列的空间相关特性

风电功率序列空间相关特性是研究不同风电场的风电功率序列之间的相关特性。图 3-2 为空间的相关性的示意图。图 3-2(a) 表示相关性较强的 3 个风电场。

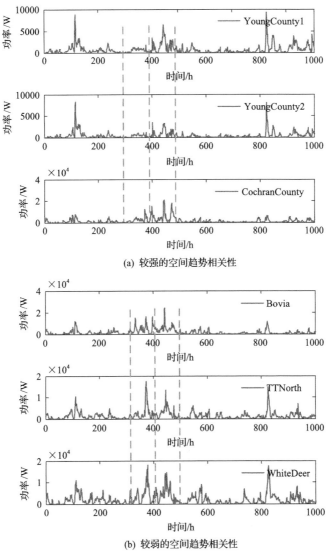

(a) 较强的空间趋势相关性

(b) 较弱的空间趋势相关性

图 3-2　空间趋势相关性示意图

例如，在虚线标注区间内，风电功率基本上呈现同时增加或同时减小的相同趋势。图 3-2(b) 表示相关趋势较弱的 3 个风电场。例如，在虚线标注区间内，风电功率变化的趋势具有明显的不统一性。

3.2.2　风电功率序列相关性的测度

为了研究风电功率序列的相关性，下面对风电功率序列相关性的测度进行定义，主要包括线性相关性、尾部相关系数、Kendall 秩相关系数、Spearman 相关系数、Gini 相关系数和 Copula 函数。

1. 线性相关性

设 (X, Y) 为二维随机向量，线性相关系数定义如下[51,52]：

$$r(X,Y) = \frac{\text{cov}(X,Y)}{\sqrt{D(X)}\sqrt{D(Y)}} \tag{3-1}$$

式中，$\text{cov}(X,Y) = E\{[X - E(X)][Y - E(Y)]\}$ 为 X 与 Y 之间的协方差；$D(X) = E[X - E(X)]^2 = E(X^2) - [E(X)]^2$ 和 $D(Y) = E[Y - E(Y)]^2 = E(Y^2) - [E(Y)]^2$ 分别为 X、Y 的方差。

研究表明[49]，线性相关系数在随机变量间服从球形和椭球分布情况下，才能很好地反映变量之间的相关关系。下面介绍适合于描述非球形或非椭球形分布的随机变量之间相关性的测度。

2. 尾部相关系数

随机变量 X 和 Y 的尾部相关系数是衡量当 X 大幅度增加或者大幅度减少时，Y 也发生大幅度增加或大幅度减少的概率的度量指标，主要反映的是极端变异事件出现的概率，主要研究的是当一个随机变量的取值大于或小于某个阈值时，另一个随机变量会发生怎样的变化，或者说对另一个随机变量取大(小)值的影响程度。

尾部相关系数包含"上尾相关系数"或"下尾相关系数"，分别定义为[53]：

令 X、Y 为两个连续的随机变量，其边缘分布函数分别为 $F(\cdot)$、$G(\cdot)$，若极限式 (3-2) 存在，则称此极限值为随机变量 (X, Y) 的上尾部相关系数，记为 λ^{up}：

$$\lambda^{\text{up}} = \lim_{\alpha \to 1} \Pr[Y > G^{-1}(\alpha) \mid X > F^{-1}(\alpha)] \tag{3-2}$$

同理，可定义随机变量 (X, Y) 的下尾部相关系数，记为 λ^{lo}：

$$\lambda^{\text{lo}} = \lim_{\alpha \to 0} \Pr[Y < G^{-1}(\alpha) \mid X < F^{-1}(\alpha)] \tag{3-3}$$

式(3-2)和式(3-3)中，Pr 为概率函数；α 为概率值；$F^{-1}(\alpha)$、$G^{-1}(\alpha)$ 分别为对应于 α 的分位数。

3. Kendall 秩相关系数

Kendall 秩相关系数考量了两组随机变量变化趋势是否一致。若一致，表明变量间存在正相关；若正好相反，表明变量间存在负相关。因此，秩相关系数建立了一致性与相关性测度的联系。

对于随机变量(X, Y)，定义

$$\tau=\Pr[(x_i - x_j)(y_i - y_j) > 0] - \Pr[(x_i - x_j)(y_i - y_j) < 0], \qquad i \neq j \qquad (3\text{-}4)$$

式中，τ 为 Kendall 秩相关系数；(x_i, x_j)、(y_i, y_j) 分别为随机变量(X, Y)的两个样本值。

若 $(x_i - x_j)(y_i - y_j) > 0$，表示随机变量 X、Y 的变化一致；若 $(x_i - x_j)(y_i - y_j) < 0$，表示随机变量 X、Y 的变化相反。$\tau$ 反映的是两个随机变量变化一致与否的程度，是一种协调性度量。其既可以度量椭圆分布的随机变量之间的线性相关性，也可以度量非椭圆分布的随机变量之间的相关关系。

根据 τ 的定义，其可以用来反映随机变量 X 和 Y 的相关程度，即 $\tau=1$ 表明 X 的变化与 Y 的变化完全一致，X 与 Y 正相关；$\tau=-1$ 表明 X 的变化与–Y 的变化完全一致，X 与 Y 负相关；$\tau=0$ 表明 X 的变化与 Y 的变化一半是正向一致，一半是反向一致，此时难以判断 X 和 Y 是否相关。

4. Spearman 秩相关系数

Spearman 秩相关系数是另一类基于一致性的相关测度，Lehmann 于 1966 年给出了 Spearman 秩相关系数的定义[53]。

对于随机变量(X, Y)，定义

$$\rho=3\Pr[(x_i - x_j)(y_i - y_k) > 0] - \Pr[(x_i - x_j)(y_i - y_k) < 0], \qquad i \neq j \neq k \qquad (3\text{-}5)$$

式中，(x_i, y_i)、(x_j, y_j)、(x_k, y_k) 分别表示随机变量(X, Y)的 3 个独立样本值。

值得注意的是，Kendall 和 Spearman 都是一致概率减去不一致概率，但是式(3-5)中 x_j 和 y_k 是独立的，(x_i, y_i) 和 (x_j, y_k) 具有不同的相关结构；而式(3-4)中 (x_i, y_i) 和 (x_j, y_j) 具有相同的相关结构，即 Spearman 系数可用于衡量变相关结构变量的相关性，而 Kendall 系数用于衡量固定相关结构变量的相关性。

5. Gini 秩相关系数

Kendall 秩相关系数和 Spearman 秩相关系数只考虑随机变量变化方向的一致性和不一致性，而 Gini 关联系数则更细致地考虑了随机变量变化顺序的一致性和不一致性，是一类可以衡量随机变量变化方向和变化程度一致性的指标。

令 (r_n, s_n) 为随机变量样本 $(x_n, y_n), n = 1, 2, \cdots, N$ 的秩，定义[53]

$$\gamma = \frac{1}{\text{int}(N^2 / 2)} \left(\sum_{n=1}^{N} |r_n + s_n - N - 1| - \sum_{n=1}^{N} |r_n - s_n| \right) \tag{3-6}$$

式中，γ 为 Gini 关联系数；int(•) 为取整函数。

6. Copula 函数

Copula 函数是一种将多个随机变量联合分布函数与它们各自的边缘分布函数连接在一起的函数，可理解为连接函数。

多元 Copula 函数的定义如下[53]。

定义 3-1　N 元 Copula 函数是指具有以下性质的函数 $C(u_1, u_2, \cdots, u_N)$：

(1)定义 I^N 为 $[0,1]^N$。

(2) $C(u_1, u_2, \cdots, u_N)$ 有零基面(grounded)且是 N 维递增(N-increasing)的。

(3) $C(u_1, u_2, \cdots, u_N)$ 的边缘分布为 $C_n(u_n), n = 1, 2 \cdots, N$，且满足

$$C_n(u_n) = C(1, \cdots, u_n, 1, \cdots, 1) = u_n \tag{3-7}$$

式中，$u_n \in [0,1], n = 1, 2 \cdots, N$。显然，若边缘分布函数 $F_1(x_1), F_2(x_2), \cdots, F_N(x_N)$ 均是连续的一元分布函数，令 $u_n = F_n(x_n), n = 1, 2 \cdots, N$，则 $C(u_1, u_2, \cdots, u_N)$ 是一个服从边缘[0,1]均匀分布的多元分布函数。

定理 3-1　令 $F(x_1, x_2, \cdots, x_N)$ 为具有边缘分布为 $F_1(x_1), F_2(x_2), \cdots, F_N(x_N)$ 的联合分布函数，则必定存在一个 Copula 函数 $C(F_1(x_1), F_2(x_2), \cdots, F_N(x_N))$，满足

$$F(x_1, x_2, \cdots, x_N) = C(F_1(x_1), F_2(x_2), \cdots, F_N(x_N)) \tag{3-8}$$

可见，Copula 函数作为相关性结构的一个刻画，包含了所有关于这些随机变量之间的相关性结构的信息，其可转换为联合概率分布函数。常用的 Copula 函数主要有正态 Copula 函数、t-Copula 函数、Gumbel Copula 函数、Clayton Copula 函数和 Fank Copula 函数，它们能描述不同的尾部特性。正态 Copula 函数、t-Copula 函数和 Frank Copula 函数属于对称分布，能捕捉上下尾的变化；Gumbel Copula 函数和 Clayton Copula 函数为非对称分布，能分别捕捉上尾和下尾的变化。

可见，与常用的相关性测度如线性相关系数相比，Copula 函数能更全面反映随机变量相关性。常见的几种重要的一致性和相关性测度，如秩相关性和尾部相关性，都可以由 Copula 函数导出。

3.3　风电功率序列线性相关的适用性判别

3.3.1　线性相关性判别所涉及的定义

为了对风电功率序列的线性相关性进行研究，首先对"厚尾"型分布和 Moment 型估计量进行定义。

1. "厚尾"型分布

若随机变量 X 的分布函数 $F(x)$ 满足 $\lim\limits_{t \to \infty} \dfrac{1 - F(tx)}{1 - F(t)} = x^{-\frac{1}{r}}, (r > 0, x > 1)$ ，则称 X 为

上尾"厚尾"型分布；若随机变量 X 的分布函数 $F(x)$ 满足 $\lim\limits_{t \to \infty} \dfrac{F(tx)}{F(t)} = x^{-\frac{1}{r}} (r > 0, x > 1)$ ，

则称 X 为下尾"厚尾"型分布[54,55]，其中 r 为尾极值指数。

2. Moment 型统计量

为了对厚尾型分布进行判断，引入 Moment 型统计量。

设序列 $X_1, \cdots, X_n$ 独立同分布，$X_{1,n} \leqslant X_{2,n} \leqslant \cdots \leqslant X_{n,n}$ 为其顺序统计量，则 r 的 Moment 型估计量的表达式为

$$\hat{r}_n = M_n^1 + 1 - \frac{\left(1 - \dfrac{M_n^2}{M_n^1}\right)^{-1}}{2} \tag{3-9}$$

式中，$M_n^j = \dfrac{1}{m} \sum\limits_{i=0}^{m-1} (\lg X_{n-i,n} - \lg X_{n-m,n})^j, j = 1,2$。此处，$m$ 可由 n 决定，一般取 $m = \text{INT}(0.1n)$。因为 $\sqrt{m}\hat{r}_n \sim N(0,1)$ ，所以当给定显著水平 μ_α ，若 $\left| \sqrt{m}\hat{r}_n \right| > \mu_\alpha$ ，则所研究的样本具有"厚尾"分布；反之，则具有"薄尾"分布。

3.3.2　风电功率序列的线性相关性判别方法

线性相关性系数常被用于描述风电功率序列相关性，也是最简单的测度。然而，在多数情况下，线性相关系数并不能适用于描述风电功率序列的相关性。因此，在使用之前，有必要对线性相关系数是否适用进行判断。

线性相关系数在随机变量服从球形和椭球分布情况下，才能很好地反映相关性。但在实际应用中，我们往往知道的是样本数据，若从球形分布和椭球形分布的定义来判断样本数据是否服从这些分布，并不是一件简单的事[56-59]。本章提出一种风电功率序列之间的相关性是否适合采用线性相关系数进行描述的判别方法，具体如下[50]。

(1)通过式(1-8)计算出风电功率数据的偏度。若偏度系数不为0，则在峰值附近不是对称分布，线性相关性不适用；若偏度系数为0，则进行以下步骤。

(2)通过式(1-10)计算出风电功率数据的峰度，根据所得的偏度和峰度，代入式(1-9)计算JB统计量。

(3)通过式(3-9)计算出 $\hat{r}$ 值，进而可算出 $\sqrt{m}\hat{r}_n$。

(4)设定显著水平 α，在 χ^2 分布的分位数表中查阅临界值 $\chi_\alpha^2(2)$，比较JB量和 $\chi_\alpha^2(2)$，若JB $\geqslant \chi_\alpha^2(2)$，样本分布存在"尖峰"问题，反之则不存在。

(5)设定显著水平 α，查阅标准正态分布临界值表得到 μ_α，将 $\left|\sqrt{m}\hat{r}_n\right|$ 和 μ_α 比较，若 $\left|\sqrt{m}\hat{r}_n\right| > \mu_\alpha$，则所研究的风电功率序列具有"厚尾"分布；反之，则具有"薄尾"分布。

(6)若序列具有"尖峰厚尾"性，则说明分布两侧的尾部不对称，线性相关性不适用；若序列不具有"尖峰厚尾"性，则说明分布两侧的尾部对称，适用于线性相关性。

3.3.3 风电功率序列时空线性相关性的实证分析

所研究的数据来源于美国 Texas 大学替代能源研究所网站，包括 Bovia、CochranCounty、TTNorth、WhiteDeer、YoungCounty1 和 YoungCounty2 六个相邻风电场 2010 年全年每隔 1h 记录一次的风速数据。6 个风电场的地理位置如图 3-3 所示。

需要指出的是，如果记录的是风速数据，则可以按照式(3-10)将风速数据转化为风电功率数据：

$$P_{\mathrm{w}} = \rho v^3 / 2 = (1.225 - 0.0001194 \times h)v^3 / 2 \tag{3-10}$$

式中，P_{w} 为风电功率，W；ρ 为风速与风电功率的转换系数；h 为海拔高度，m；v 为风速，m/s。

按照 3.3.2 节所介绍的方法对 6 个风电场的风电功率序列的偏度、JB 指标和 $\sqrt{m}\hat{r}_n$ 进行计算，结果如表 3-1 所示。

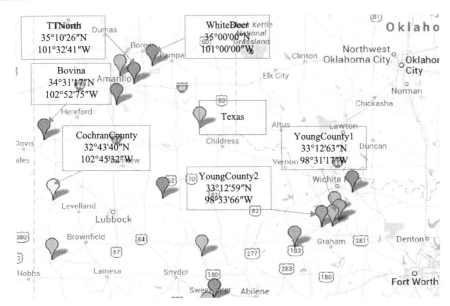

图 3-3　风电场的地理位置分布图

表 3-1　线性相关性的判断指标

指标	风电场					
	Bovina	CochranCounty	TTNorth	WhiteDeer	YoungCounty1	YoungCounty2
偏度	2.70	3.19	2.26	2.49	2.93	3.00
JB	45838	96037	25246	34625	61715	70745
$\sqrt{m\hat{r}}$	−4.93	−10.76	2.53	−0.01	−9.78	−8.43

从表 3-1 的计算结果看到，6 个风电场的偏度系数均大于 0，说明风电功率序列的分布函数相对于正态分布，均向右偏斜，为非对称分布。通过查阅临界值表[56]，得到 $\chi^2_{0.01}(2)=0.02$，$\mu_{0.01}=2.326$，而表 3-1 中的 JB 量计算结果均远远大于 0.02，说明六个风电场均具有“尖峰”性；除 WhiteDeer 风电场外，表 3-1 中 $\left|\sqrt{m\hat{r}}\right|$ 均大于 2.326，说明其余 5 个风电场均具有“厚尾”性。综上可知，6 个风电场的风电功率序列均为非对称分布，因而不适合采用线性相关性进行描述。

3.4　风电功率序列非线性相关特性分析

3.4.1　Copula 函数与其他非线性相关测度的关系

与常用的线性相关系数比较，Copula 函数不仅能更准确地描述相关关系，而且能表示变量间的相关结构，是一种将边缘分布函数连接起来构成联合概率分布函数的函数。此外，Copula 函数和常用相关性测度密切相关，前面提到的几种相关性测度指标，均可基于 Copula 函数计算得到。从这个意义上说，Copula 函数对相关性测度起到了"归一"的作用。它们之间的关系如下所示[53]：

$$\tau = 4\int_0^1\int_0^1 C(u,v)\mathrm{d}C(u,v) - 1 \tag{3-11}$$

$$\rho_s = 12\int_0^1\int_0^1 uv\mathrm{d}C(u,v) - 3 \tag{3-12}$$

$$\gamma = 2\int_0^1\int_0^1 \left(|u+v-1| - |u-v|\right)\mathrm{d}C(u,v) \tag{3-13}$$

$$\lambda^{\mathrm{up}} = \lim_{u\to 1^-}\frac{1-2u+C(u,u)}{1-u} \tag{3-14}$$

$$\lambda^{\mathrm{lo}} = \lim_{u\to 0^+}\frac{C(u,u)}{u} \tag{3-15}$$

式中，$C(u,v)$ 为 Copula 函数；u、v 分别为随机变量 X、Y 的边缘分布函数 $F(x)$、$G(y)$ 的函数值，即 $u=F(x)$，$v=G(y)$；τ 为 Kendal 秩相关系数；ρ_s 为 Spearman 秩相关系数；γ 为 Gini 关联系数；λ^{up}、λ^{lo} 分别为上、下尾部相关系数。

基于 Copula 函数风电功率序列非线性相关性指标计算流程如图 3-4 所示。

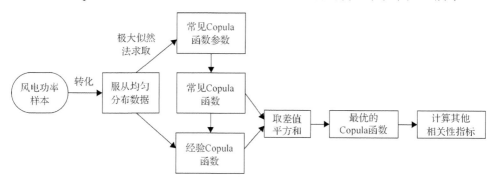

图 3-4　风电功率序列非线性相关性指标的计算过程

（1）步骤 1：用经验分布函数[60,61]将样本数据转化为服从均匀分布的数据。

（2）步骤 2：基于步骤 1 的样本数据，用极大似然法[53,62,63]拟合第 3.2.2 节所提到的 Copula 函数的参数。

（3）步骤 3：分别计算经验 Copula 函数和步骤 2 所得的 Copula 函数与步骤 1 样本的差值平方和。

（4）步骤 4：选择差值平方和最小的 Copula 函数作为最优的 Copula 函数。

(5)步骤 5：按照式(3.11)~式(3.15)计算 Kendall 秩相关系数、Spearman 相关系数、Gini 秩相关系数及上、下尾部相关系数。

3.4.2　风电功率序列时空非线性相关性的实证分析

1. 地理位置不同的风电场出力相关性分析[50]

为了使表达更为简洁，首先对前述的 6 个风电场按表 3-2 进行编号。

表 3-2　风电场编号

Bovina	CochranCounty	TTNorth	WhiteDeer	YoungCounty1	YoungCounty2
1	2	3	4	5	6

记 (i,j) 为所选择的风电场，$i=1,2,\cdots,5$，$j=2,3,\cdots,6$。然后，根据 3.4.1 节介绍的方法，得到最优 Copula 函数及相应的非线性相关测度如表 3-3 所示。

表 3-3　Copula 函数的选择结果及相应的非线性相关测度

风电场	最优 Copula	非线性相关系数的类型				
		Kendall	Spearman	Gini	λ^{up}	λ^{lo}
(1,2)	t	0.515	0.692	0.607	0.501	0.501
(1,3)	t	0.499	0.672	0.589	0.494	0.494
(1,4)	Gaussian	0.393	0.560	0.466	0.295	0.295
(1,5)	Gumbel	0.216	0.316	0.255	0.309	0.115
(1,6)	Gumbel	0.183	0.269	0.216	0.272	0.102
(2,3)	Frank	0.406	0.580	0.481	0.178	0.178
(2,4)	Frank	0.365	0.526	0.433	0.160	0.160
(2,5)	Gumbel	0.231	0.337	0.273	0.326	0.121
(2,6)	Gumbel	0.189	0.278	0.223	0.279	0.105
(3,4)	t	0.644	0.824	0.749	0.618	0.618
(3,5)	Gumbel	0.244	0.356	0.289	0.341	0.127
(3,6)	Gumbel	0.202	0.296	0.238	0.294	0.109
(4,5)	Gumbel	0.259	0.377	0.307	0.357	0.134
(4,6)	Gumbel	0.217	0.317	0.256	0.310	0.115
(5,6)	t	0.675	0.823	0.781	0.729	0.729

根据表 3-3 的 Copula 函数的选择结果，(1,2)、(1,3)、(3,4)和(5,6)风电场之间适合采用 t-Copula 函数；(1,5)、(1,6)、(2,5)、(2,6)、(3,5)、(3,6)、(4,5)和

(4,6)风电场之间适合采用 Gumbel Copula 函数描述；(2,3)和(2,4)风电场之间适合采用 Frank Copula 函数描述；(1,4)之间适合于采用 Gaussian Copula 函数描述。

Kendall 秩相关系数是对两列风电功率序列不重复地取两个相同时刻的风电功率值进行比较，然后对变化方向是否一致进行统计，得到变化方向一致和不一致概率值，最后将两者做差得到。如表 3-3 中，风电场(1,2)组合，如果风电场 1 的风电功率增大，风电场 2 的风电功率增大的概率与减小的概率之差为 0.515。这说明风电场 1 和风电场 2 变化的趋势较为一致，当风电场 1 功率增大时，风电场 2 的功率也增大。

Spearman 秩相关系数是将两列风电功率序列转化成服从均匀分布的序列后，使均值和方差同时存在，然后用线性相关系数公式进行求取。如表 3-3 中，风电场(1,2)组合，转化后的风电功率序列散点图中的点位于同一条直线上的概率为 0.692。同样说明了风电场 1 和风电场 2 变化的趋势较为一致，当风电场 1 功率增大时，风电场 2 的功率也增大。

与 Kendall 秩相关系数不同的是，Gini 关联系数是对风电功率序列对应的秩正向不一致性统计和反向不一致性统计。如风电场(1,2)组合，秩变化反向变化不一致和正向变化不一致的程度之差的概率为 0.607。表明风电场 1 和风电场 2 的变化很大概率上是正向一致的。

表 3-3 中的上、下尾部相关系数 λ^{up}、λ^{lo} 是在分别设定 $\mu=0.95$ 和 $\mu=0.05$ 的条件下，根据式(3-17)、式(3-18)计算得到。上尾部相关系数 λ^{up} 表示当某一风电场取到概率值大于 0.95 的风电功率时，另一风电场也取到概率值大于 0.95 的风电功率的概率。如风电场(1,2)组合，当风电场 1 的功率大于 8001.11W，风电场 2 的功率大于 5351.67W 的概率为 0.501。下尾部相关系数 λ^{lo} 表示当某一风电场取到概率值小于 0.05 的风电功率时，另一风电场也取到概率值小于 0.05 的风电功率的概率。如风电场(1,2)组合，当风电场 1 的功率小于 66.56W，风电场 2 的功率小于 44.45W 的概率为 0.501。这说明风电场 1 和风电场 2 功率序列之间的尾部相关性不是很强。

2. 同一风电场不同时刻的风电功率非线性相关性分析

以 Bovina 风电场为例，记 $s(1,h)$ 为所选风电场相隔 $h-1$ 小时的两列风电功率序列，设 $h=2,3,\cdots,12$。参照 3.4.1 节介绍的方法，可得 Copula 函数的选择结果及相应的非线性相关测度，如表 3-4 所示。

根据表 3-4 中 Copula 函数的选择结果可以发现，对于 Bovina 风电场，t-Copula 函数适用于描述时间间隔小于等于 2h 的风电功率间的相关性；Gaussian Copula 函数适用于描述时间间隔在 2~5h 的风电功率间的相关性；Gumbel Copula 函数适用于描述时间间隔大于等于 5h 的风电功率间的相关性。

表 3-4　同一风电场下 Copula 函数的选择结果及相应的非线性相关测度

相隔时刻	最优 Copula	非线性相关系数的类型				
		Kendall	Spearman	Gini	λ^{up}	λ^{lo}
$s(1,2)$	t	0.743	0.899	0.848	0.737	0.737
$s(1,3)$	t	0.607	0.788	0.710	0.588	0.588
$s(1,4)$	Gaussian	0.485	0.673	0.573	0.383	0.383
$s(1,5)$	Gaussian	0.414	0.588	0.491	0.315	0.315
$s(1,6)$	Gumbel	0.346	0.494	0.411	0.450	0.180
$s(1,7)$	Gumbel	0.298	0.429	0.353	0.399	0.153
$s(1,8)$	Gumbel	0.257	0.373	0.304	0.355	0.133
$s(1,9)$	Gumbel	0.223	0.326	0.263	0.317	0.118
$s(1,10)$	Gumbel	0.195	0.286	0.230	0.286	0.107
$s(1,11)$	Gumbel	0.176	0.259	0.207	0.263	0.099
$s(1,12)$	Gumbel	0.161	0.238	0.189	0.247	0.094

　　分析由 Copula 函数计算得到的 Kendall 秩相关系数、Spearman 秩相关系数和 Gini 关联系数可以发现，随着时间间隔的增大，几种相关系数的数值越来越小，说明相隔时间越长，风电功率间的相关性越弱。

　　下面以相隔 1h 的 $s(1,2)$ 为例进行说明，Kendall 秩相关系数为 0.743，表示序列 1 中的数增大时，相隔 1h 的另一序列中的数增大的概率与减小的概率之差为 0.743；Spearman 秩相关系数为 0.899，表示相隔 1h 的两列风电功率序列转化为均匀分布序列后，做出的散点图中的点位于同一条直线上的概率为 0.899；Gini 关联系数为 0.848，表示秩变化反向不一致和正向变化不一致的程度之差为 0.848。这些秩相关系数说明相隔 1h 的风电功率变化趋势是一致的。

　　表 3-4 中 λ^{up}、λ^{lo} 计算的条件和表示的意义与表 3-3 相同。下面用相隔 1h 的 $s(1,2)$ 进行说明，λ^{up}=0.737 表示当 Bovina 风电场上一个时刻的功率大于 7964.73W，下一个时刻的功率大于 7975.79W 的概率为 0.737；λ^{lo}=0.737 表示当 Bovina 风电场上一个时刻的功率小于 66.56W，下一个时刻的功率小于 66.56W 的概率为 0.737。这说明相隔 1h 的风电功率序列具有较强的尾部相关性。

第4章 风电功率预测误差特性分析

4.1 引　　言

准确地预测风电功率对缓解电网调峰压力、配置电力系统备用容量、提高电网接纳风电能力等均具有重要意义[64-67]。然而，由于风电功率本身具有较强的随机性，风电功率的预测值与实际的风电功率有较大差距。风电功率预测值与实际值之差，称为风电功率的预测误差。

对风电功率预测误差的对比和分析已有不少研究[68-71]，通过对风电功率的预测误差进行对比分析，可以甄选出精度较高的预测方法，为选择电力系统预测方法提供参考。同时，对风电功率的预测误差特性进行分析，有助于挖掘出预测结果中的有效信息，反馈给风电功率预测模型，进而制定相关措施提高预测精度。

目前，对风电功率预测误差特性的研究主要体现在以下3方面：①通过比较不同模型的预测误差对预测模型的优劣进行判断[72,73]，这是目前对风电功率预测误差最为广泛的应用。②通过研究不同条件下预测误差的变化情况，将信息反馈以改进预测模型。③对风电功率预测误差的统计特性进行研究，通过获得预测误差的概率分布函数信息，为电力系统安排调度计划时提供参考。

基于现有研究，本章介绍风电功率预测的种类与难点，对风电功率预测误差特性的研究现状进行总结和分析。阐述风电功率预测误差统计特性分析方法和流程，最后采用我国北方某风电场与德国 Tennet 风电场群的数据对风电功率预测误差特性进行实证性分析。

4.2　风电功率预测误差概述

4.2.1　风电功率预测的难点分析

风力发电是将风的动能转化为电能。由于气流瞬息万变，风力资源受日变化、季节变化及年际变化的影响明显，使风能波动性大、极不稳定，从而导致风电输出功率具有较大的随机性和间歇性[74,75]。

图 4-1 为爱尔兰国家电网公司网站提供的相邻 10 天的风电功率日曲线及均值曲线，分别用"场景 1～场景 10"和"均值"表示，每一个场景表示一天 24 点(间隔 1h 采样)的风电功率。一方面，从任意一天的风电功率曲线看，相邻时段的风电功率波动较强，且忽大忽小，并未出现类似于日负荷曲线的"双驼峰"或"单

驼峰"的特点，也就是未具有在某个时间段处于风电功率高峰值或在某个时间段处于风电功率低谷值的规律。另一方面，从相邻的风电功率日曲线来看，相邻日风电功率曲线的形状和变化规律也不存在相似性。由此可见，与负荷相比，风电功率具有很强的随机性和波动性，规律性差，要准确地预测风电功率是一项极具挑战的任务。

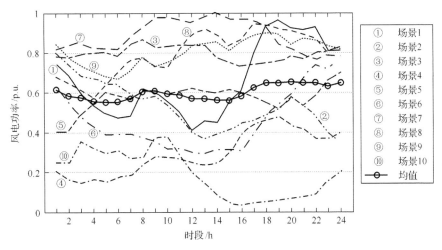

图 4-1　风电功率日曲线示意图

　　可见，风电功率预测是电力系统调度部门工作的重点和难点，也是当前研究的热点问题[76,77]。近年来，风电功率的预测技术蓬勃发展，涌现了大量的预测模型与方法。为了更好地应用风电功率预测技术已有的研究成果，提高风电功率预测系统的预测精度，在风电不同的发展时期，均有文献对风电功率预测技术进行归纳和总结。文献[68]～[70]为较早的风电功率预测技术综述文献，主要从风电功率预测的物理方法、统计方法、时间序列方法及人工智能方法等方面，对预测技术进行了归纳和总结。文献[71]从不同的时间尺度、预测范围、预测对象及不同的预测模型等方面对风电功率预测进行了分类，总结了风电功率预测的物理方法、统计方法及组合方法，并对风电功率预测的考核指标进行了探讨。文献[72]主要针对基于空间相关性的风电功率预测方法进行划分和总结，将预测技术划分为统计预测模型、物理预测模型、空间降尺度模型及考虑空间平滑效应与升尺度的预测模型进行阐述。文献[78]则从风电功率预测过程、影响风电功率预测精度的因素、风电功率预测的模型与方法、风电功率预测结果的评价等方面对短期及超短期风电功率预测技术进行归纳和梳理。

4.2.2　风电功率预测的种类

　　针对不同时空尺度的风电功率特点及不同应用场合的需求，人们对风电功率预测进行了分类研究。当前，风电功率预测的分类可归纳为如图 4-2 所示。

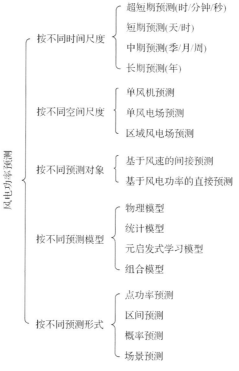

图 4-2　风电功率预测分类

　　风电功率预测按照不同预测形式可以划分为点功率预测、区间预测、概率预测和场景预测。点功率预测是对一个确定的风电功率值进行预测；区间预测是在给定置信水平下，对风电功率预测值的上下限进行预测[79,80]；概率预测是利用预测时段之前的相关样本统计信息，对未来时段该物理量的概率分布状况进行预测的一种过程，其本质上是基于经验的预测[81,82]；场景预测是指使用较少量的风电功率序列场景来准确描绘风电功率的随机特征[83,84]。本章将不同形式的风电功率预测归纳如图 4-3 所示，图中，预测点 A 的功率即为点预测，由风电功率出力上限和下限组成预测区间，场景 1～场景 6 为风电功率的预测场景。

1. 点功率预测

　　点功率预测对风电功率值进行预测，根据预测对象不同，主要有基于风速预测和基于风电功率预测两种方法。前者属于间接预测方法，后者属于直接预测方法。间接预测方法首先对风速进行预测，然后，按照风电机组或风电场的风速与风电功率关系曲线将风速转换为风电功率。直接预测方法基于风电功率的历史数据，采用统计学等方法建立影响因素与风电功率之间的映射关系模型，

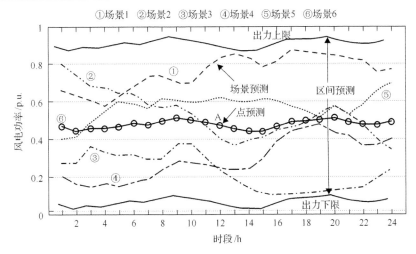

图 4-3　不同形式的风电功率预测示意图

直接对风电输出功率进行预测。间接预测方法充分利用风机附近数值天气预报的
风速、风向数据,具有信息完整、覆盖面广的优点。但是,由于风速与风电功率
之间存在非线性关系,风速的微小预测偏差将可能导致较大的风电功率预测误差,
大大降低预测精度。直接预测方法不需要经过风电场的功率曲线进行转换,避免
了风速到风电功率之间的转换误差,输入数据和输出结果更直观明了,但是,直
接预测法需要大量的风电功率历史数据进行建模。

2. 区间预测

区间预测研究满足给定置信度水平的风电功率的上下限。准确地预测风电功
率所在的区间,对电力系统应对风电功率的变化,保证系统安全运行具有重要意
义。目前,区间预测的方法主要可分为两大类。第 1 类的主要思想是基于历史数
据,采用启发式算法直接预测风电功率可能发生的上限和下限。第 2 类从风电功
率的概率分布函数入手,计算在满足给定置信度水平下,风电功率可能落入的区
间的上限和下限。

当前关于风电功率区间预测的研究仍处于发展之中,准确地预测风电功率的
概率分布,是提高区间预测精度的关键。

3. 概率预测

近年来,很多学者逐渐开始对风电功率的概率预测展开研究。概率预测不仅
可以预测未来时段风速及风电功率的期望值,还可以得到风电功率或预测误差的
概率分布信息,即预测物理量的不确定性信息,为含有风电场电力系统的运行风
险评估和风险决策提供重要参考。

目前，概率预测的方法可归纳为两类：参数估计法和非参数估计方法。参数估计法首先假设风电功率或其预测误差服从某一种概率分布，然后基于历史数据，估计出所假设的概率分布的参数，从而得到具体的概率分布函数。非参数估计法不需要事先假设概率分布函数，直接采用历史数据获得待预测量(风电功率或预测误差)的经验分布函数。

4. 场景预测

场景预测是指使用较少量的风电功率序列场景来准确描绘风电随机特性。场景预测属于对风电功率离散概率分布的一种预测，所生成的场景应用于电力系统经济调度、机组组合等优化调度运行问题中。

场景预测能够刻画未来时刻风电场输出功率的时间相关性和空间相关性，可以有效地解决含有风电电力系统的随机优化问题。但当风电场数量和时段数较多时，容易造成模型的维数灾，计算量巨大，难以求得模型参数，限制了场景预测在高维空间中的应用。

4.2.3　衡量风电功率预测效果的评价指标

对风电功率预测误差进行综合评价是风电功率预测理论研究的一项重要内容。已有研究中，常用的误差评价指标主要有绝对值平均误差、均方根误差、平均相对误差、误差频率分布指标等，其中均方根误差、绝对值平均误差、平均相对误差是现行企业标准[85]和推荐的行业标准[86]，也被多数文献采用。同时，对于不同的风电功率预测类型，衡量其预测误差的指标也不相同，本节对衡量风电功率预测效果的评价指标进行介绍。

目前国内外常用的风电功率预测效果的评价标准有以下几种。

1. 平均相对误差(mean-relative error)

相对误差的表达式为

$$e_c = p_c - p_c' \tag{4-1}$$

式中，e_c 为相对误差；p_c 和 p_c' 分别为风电功率实际值和预测值。平均相对误差可用式(4-2)表示：

$$MRE = \sum_{i=1}^{n} e_i / (np_i) \tag{4-2}$$

式中，n 为预测点数。MRE 将误差除以对应时刻的实际值，即逐点对比，具有针对性。但当风电功率实际值接近于 0 时，则该时刻 MRE 值很大，将失去实际的指导意义。

2. 平均绝对误差(mean-absolute error)

平均绝对误差的表达式为

$$MAE=\sum_{i=1}^{n}|e_i|/n \tag{4-3}$$

平均绝对误差由于偏差被绝对值化，不会出现正负相抵消的情况，因而，平均绝对误差能更好地反映预测值误差的实际情况。

3. 均方根误差(root-mean-square error，RMSE)

均方根误差的表达式为

$$RMSE=\frac{1}{p_N}\sqrt{\sum_{t=1}^{n}e_i^{\,2}/n} \tag{4-4}$$

式中，p_N 为风机额定容量。

均方根误差又叫标准误差，对一组测量中的特大或特小误差反应非常敏感。所以，标准误差能够很好地反映出测量的精密度。这正是标准误差在工程测量中广泛被采用的原因。

4. 区间覆盖率(prediction interval coverage probability，PICP)

区域覆盖率表达式为

$$PICP=\frac{1}{U}\sum_{u=1}^{U}A_u \tag{4-5}$$

式中，U 为待预测风电功率的点数；$u=1,2,\cdots,U$；A_u 为示性函数，有以下定义：

$$A_u=\begin{cases}1, & V_u\in\left[\underline{V_u},\overline{V_u}\right]\\0, & V_u\notin\left[\underline{V_u},\overline{V_u}\right]\end{cases} \tag{4-6}$$

式中，$\overline{V_u}$、$\underline{V_u}$ 分别为预测区间的上下边界。

即当待预测时刻的风电功率实际值落到预测区间中时，A_u 取值 1，否则取 0。PICP 在满足相同置信度水平的基础上，其值越大，表明实际风电功率落入预测区间的个数越多，意味着预测效果越好。

5. 区间标准化平均宽度(prediction interval normalized average width, PINAW)

区间标准化平均宽度的表达式为

$$\text{PINAW} = \frac{1}{UR} \sum_{u=1}^{U} (\overline{V}_u - \underline{V}_u) \tag{4-7}$$

式中,R 为上下边界宽度基准值,这里取区间预测值上下边界的最大值 $\overline{V}_{u\max}$ 与最小值 $\overline{V}_{u\min}$ 之和的平均值,即 $R = (\overline{V}_{u\max} + \underline{V}_{u\min})/2$。PINAW 表示区间上下边界的宽度,其值越小,表明预测区间越窄,意味着预测精度越高。

6. 覆盖宽度(coverage width-based criterion,CWC)

由于 PICP 和 PINAW 相互制约,所以选一种二者综合性的评价标准是必要的。覆盖宽度的表达式为

$$\text{CWC} = \text{PINAW}[1 + \gamma(\text{PICP})\text{e}^{-\eta(\text{PICP}-\mu)}] \tag{4-8}$$

式中,η 和 μ 是两个控制参数,实际运用中 $\mu=1-\alpha$,η 通常取 50～100 的常数,而 γ 采用如式(4-9)定义:

$$\gamma(\text{PICP}) = \begin{cases} 0, & \text{PICP} \geqslant \mu \\ 1, & \text{PICP} \leqslant \mu \end{cases} \tag{4-9}$$

CWC 的应用主要是协调 PICP 的准确性和 PINAW 的测量忠诚度,以便最大限度地满足预测精度,PICP、PINAW 和 CWC 主要应用于风电功率区间预测精度的评估。

受风电场周围环境等多重因素的影响,风电功率预测误差会有较大的差异,应根据不同风电场的具体情况选用合适的误差评价指标。在风电功率点预测误差评价指标方面,平均绝对误差和均方根误差是较为常用的指标,而区间覆盖率、区间标准化平均宽度和覆盖宽度是描述区间预测精度的主要指标。

4.3　风电功率预测误差统计特性分析方法

上节介绍了风电功率的预测方法以及衡量风电功率预测效果的评价指标,本节针对风电功率预测误差指标的统计特性分析方法及流程进行介绍。

风电功率预测误差特性分析流程如图 4-4 所示,其主要包括收集风电功率实际值与预测值、计算风电功率预测误差、统计风电功率预测误差和分析风电功率预测误差特性 4 个步骤。

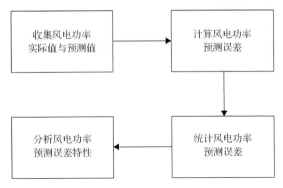

图 4-4　风电功率预测误差特性分析流程

1. 收集风电功率实际值与预测值

风电功率的实际值即为风电功率的实际出力，而风电功率的预测值则根据风电功率预测形式的不同而不同。当预测形式为点预测时，风电功率的预测值为风电功率的预测序列，每个时间点对应一个确定的预测值；当预测形式为区间预测时，风电功率的预测值为风电功率的上界序列与风电功率的下界序列，每个时间点对应两个值，即预测上界与预测下界两个值；当预测形式为概率预测时，风电功率的预测值为概率分布函数，每个时间点对应风电功率的概率分布函数。

2. 计算风电功率预测误差

在得到风电功率的实际值与预测值之后，即可计算风电功率的预测误差。这里需要注意的是，由于风电功率预测方法的不同，一些指标只适用于某些特定的预测方法，如区间覆盖率这个指标只适用于区间预测。

3. 统计风电功率预测误差

基于风电功率预测误差样本进行统计，得到风电功率预测误差的概率分布函数。

4. 分析风电功率预测误差特性

得到风电功率预测误差统计结果之后，就可以运用统计的结果对风电功率的预测误差特性进行分析。例如，图 4-5 中给出了德国 Tennet 风电场群 2016 年 1 月～6 月的日最大/最小预测误差曲线，图中对每天最大最小预测误差进行统计。

由图中可以看出，日最大预测误差数值相对较大，而且随机分散在不同的数值区域；日最小预测误差数值相对较小，且集中分布在数值较小的区域，与日最大预测误差并无明显的对应关系。同时，还可以根据预测误差的分析结果对电力系统进行决策调度。如图 4-5(a) 中可见日最大预测误差为 5000MW，所以在最保守的情况下，需要考虑预测值误差最大的情况，保证系统有充足的备用。

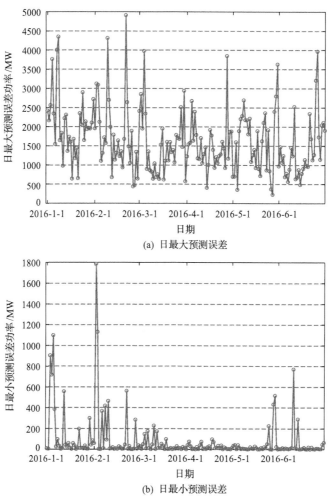

(a) 日最大预测误差

(b) 日最小预测误差

图 4-5　德国 Tennet 风电场群预测误差数据

4.4　风电功率预测误差分布特性

　　风电功率预测误差的分布不仅能提供预测误差的波动范围，还能按照给定的置信水平估计出风电的出力区间，相比于点功率预测而言能够提供更加丰富和有用的信息。文献[87]中指出，通过拟合预测误差的概率密度曲线，可以得到预测误差的概率分布特征，并根据不同的置信水平估计预测误差的分布区间。如文献[24]已将广义误差分布模型应用到了风电预测误差拟合当中，分布模型为

$$f(x; \nu, \alpha, \mu) = \frac{\nu}{\lambda \cdot \Gamma\left(\dfrac{1}{\nu}\right)} \cdot e^{-\left|\frac{x-\mu}{\lambda}\right|^{\alpha}} \tag{4-10}$$

式中，x 为预测误差的标幺值；Γ 为伽马函数；ν 和 λ 均为形状参数；α 为斜度参数；μ 为位置参数。

式(4-10)中每一个参数都可以使用极大似然估计得到。通过拟合广义误差的分布，可以获得在不同置信度下的风电置信区间。可以预见，随着置信度的提高，置信区间的范围就越大。

进一步地，文献[88]采用非参数回归方法描述了风电预测的不确定性，并通过该方法拟合不同风过程和风机出力水平下预测误差的分布。文献[89]提出了一种通用模型来拟合风电预测误差，比传统的高斯分布、拉普拉斯分布和贝塔分布等要改善很多。

根据上述研究，本节采用我国北方某风电场与德国 Tennet 风电场群数据的风电功率预测误差特性分析进行实证性研究。

4.4.1　数据说明

本节采用的两组数据分别为我国北方某风电场与德国 Tennet 风电场群的风电功率实际出力值与预测值。其中，我国北方某风电场数据为单风电场 2016 年 1 月至 11 月、时间间隔为 15min 的数据，德国 Tennet 风电场群风电数据为其在德国控制区域中所有风电场功率总和，其时间间隔也是 15min。

4.4.2　我国北方某风电场风电功率误差的分布特性

针对风电功率的点预测方法，其预测误差的分布可以通过已知的概率分布来进行刻画，如正态分布、高斯分布、贝塔分布等。图 4-6 为中国北方某座风电场 1～11 月的预测误差分布图。如图 4-6 所示，广义误差分布的形状近似于正态分布，其特征为：预测误差主要分布在误差值较小的范围之内，随着预测误差的逐渐增大，其所对应的分布也逐渐减少。

可见，在要求精度不高的情况下，风电功率的预测误差是可以通过正态分布表征的。然而，仔细观察可见，图中拟合得到的广义误差分布概率密度曲线中间峰值及尖，同时峰值左右并不对称。如果要求精度较高，其误差分布则难以采用正态分布进行描述。

4.4.3　德国 Tennet 风电场群风电功率误差的分布特性

图 4-7 为德国 Tennet 风电场群 2016 年 1 月 1 日～12 月 31 日共 366 天的风电功率平均相对预测误差、平均绝对预测误差和均方根预测误差的概率分布

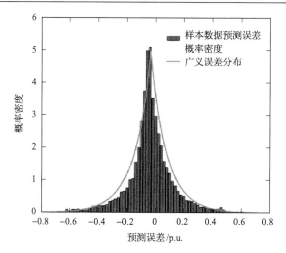

图 4-6　广义误差分布拟合曲线

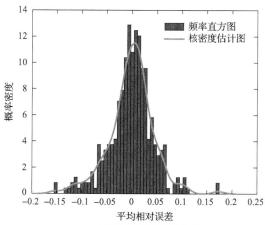

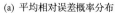

(a) 平均相对误差概率分布

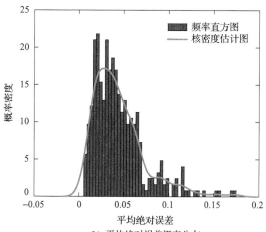

(b) 平均绝对误差概率分布

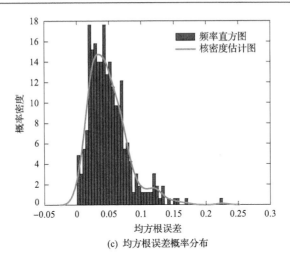

(c) 均方根误差概率分布

图 4-7　德国 Tennet 风电场群预测误差评价指标概率分布

图。图中分别给出了风电功率预测误差直方图和核密度估计图。从图 4-7(a)可见，平均相对预测误差主要在 0 左右波动，核概率密度估计曲线与正态分布函数曲线比较相似。而图 4-7(b)、(c)中预测误差的分布并不对称，与正态分布的差别较大，这是由于平均绝对预测误差和均方根预测误差中不存在负值，所以其分布会偏向正值一边。对应于此类分布，相对于正态分布，使用贝塔分布进行拟合更有优势。

　　根据上述分析可知，该组数据的预测误差概率分布对比 4.4.2 节中所采用的数据来说，其与常规分布的偏差更大，使用常规分布难以准确对预测误差分布进行拟合。目前对于风电功率的预测误差分布要尝试多种函数进行拟合，以选取最适合的分布减少误差。

第5章　风电功率波动特性分析

5.1　引　　言

风电功率具有的一个典型特征是波动特性。波动特性是指风电功率值在时序上的变化特性，过去人们常使用"间歇性"来描述风电功率的波动特性，但欧洲风能协会撰文指出，用"间歇性"描述风电功率是不严谨的，因为"间歇"意味着风电功率的起停很随意，但实际情况并非如此。用"变化性"描述风电功率更为贴切[90]。由于风电场的输出功率与风速、风向、压力、温度、相对湿度等条件密切相关，风电场的输出功率具有很强的随机波动性。当前，对风电功率波动性的研究主要是对风电功率波动量分布进行研究。

用风电功率波动量分布对风电功率波动特性进行分析。首先计算得到风电功率的波动量，再对风电功率的波动量进行统计分析。例如，文献[91]～[93]即是从风电功率波动量分布的角度进行分析的，文献[91]、[92]均从功率谱密度的角度建立了风速波动特性的频域模型；文献[93]采用傅里叶分解的方法，讨论分析了风机出力对整体波动性的影响机理。针对风电功率波动量对风电功率波动特性进行研究，可以划分为对不同时间尺度下风电功率波动量的研究与对不同空间尺度下风电功率波动量的研究两个方面。例如，文献[94]研究了不同时间尺度下风电功率波动特性的概率分布，分析了风电功率波动特性随时间尺度变化的规律；文献[95]利用递归图和递归率对风电功率时间序列波动特性分别进行了定性和定量的刻画，分析了不同空间尺度下波动率的变化规律；文献[96]基于某省级电网风电场群实测功率数据，定量分析了风电功率波动在不同时间、空间尺度上的分布特性。基于风电功率波动量对风电功率的波动特性进行分析，由于研究的对象即是风电功率波动量及其统计特性，可以直观地看到风电功率波动的规律。

基于以上研究，本章主要以风电功率波动为对象对风电功率分布特性进行分析，并从不同时间和空间尺度两个角度，对风电功率波动量的分布进行介绍与分析，最后以风电功率的分钟级分量为例，对风电功率的波动率特性进行实证性分析。

5.2　不同时空尺度下的风电功率波动特性

通常使用风电功率波动量及波动率两个指标进行衡量，两个指标的计算式如下。

风电功率波动量：相隔一时段的两个时间点风电功率之差 ΔP，其表达式为

$$\Delta P = P(t+T) - P(t) \tag{5-1}$$

风电功率波动率：风电功率变化量占风机额定功率的百分比 ρ，其表达式为

$$\rho = \frac{P(t+T) - P(t)}{P_{\text{base}}} \times 100\% \tag{5-2}$$

式中，$P(t+T)$ 为 $t+T$ 时刻的风电功率；$P(t)$ 为 t 时刻的风电功率；P_{base} 为风机额定功率，对于不同的时间尺度，T 对应不同的数值。

根据式(5-1)和式(5-2)可以看出，风电功率在单位时间内变化越大，风电功率的波动量与波动率就越大，表明风电功率的波动性越强。

5.2.1　风电功率波动的概率分布特性分析

风电功率波动的概率分布可以帮助电网调度人员判断和预估风电功率的变化情况，从而合理地进行电力系统规划和调度，避免因为风电功率波动过大而导致的系统爬坡能力不足等情况。

现有不少文献倾向于直接假设风电功率波动率的分布服从正态分布，在图 5-1 中绘制出了美国 TTNorth 风电场 2010 年全年风电功率波动率的概率分布图。从图中可见，风电波动率分布接近于正态分布，其在波动率较小地方出现概率较大，而在波动率较大的地方出现概率较小。

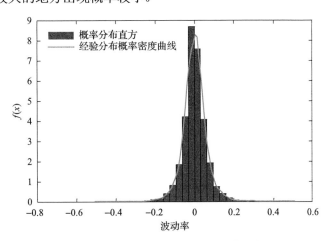

图 5-1　美国 TTNorth 风电场风电功率波动率分布图

然而，文献[94]通过对数据的拟合检验发现：在有些案例下，直接使用正态分布描述风电功率的波动特性精度并不高。文献[94]中使用了高斯混合模型对风电功率波动率的概率分布进行研究，高斯混合模型的概率密度函数是几个高斯概率密度

函数的加权。其中一维高斯混合模型如式(5-3)和式(5-4)所示：

$$f(x) = \sum_{j=1}^{n} \alpha_j N(\mu_j, \sigma_j^2) \tag{5-3}$$

$$N(\mu_j, \sigma_j^2) = \frac{1}{(2\pi)^{1/2}\sigma_j} e^{\frac{1}{2\sigma_j^2}(x-\mu_j)^2} \tag{5-4}$$

采用最大似然估计法，将似然函数最大化更改为似然函数期望最大化，可在保证估计精度的前提下大大提高算法的可实现性，构造风电功率波动特性的混合高斯概率模型。

5.2.2 风电功率在不同空间尺度下的波动特性

当一个区域内存在两个或多个风电场时，整个区域的风电功率波动性必然会随着所考虑空间尺度的扩大而发生变化，因而研究不同空间内风电功率的波动特性十分必要。

目前风电发展迅速，大规模风力发电基地不断发展。以我国为例，风力发电呈现典型的集群开发特点，因而考虑多风场出力的波动性十分必要。风资源的分布特性将导致大规模风电总体出力波动性相较于个体波动性有削弱趋势，这一现象被称为"平滑效应"[97]。平滑效应是由于所考虑空间不断扩大，包含的风电场不断增多，不同的风电场出力特性(如风电功率达到峰值的时间等)各不相同，当所有风电场的出力相加时，总的风电功率波动率相对减少。

文献[98]中定义了波动置信区间 R 和平滑系数指标 S 来衡量风电集群出力的平滑效应。

1. 波动置信区间

波动置信区间表达式为

$$P(X \leqslant R) = p \tag{5-5}$$

式中，P 为概率；X 为风电功率波动率的绝对值；p 为给定概率值；波动置信区间表示了在满足一定概率条件下风电功率波动范围的大小。

2. 平滑效应系数

平滑效应系数表达式为

$$S = \frac{\sigma_{单场标幺值} - \sigma_{集群标幺值}}{\sigma_{单场标幺值}} \tag{5-6}$$

式中，$\sigma_{\text{单场标幺值}}$为单风电场出力标准差的标幺值；$\sigma_{\text{集群标幺值}}$为集群风电场出力标准差的标幺值，当计算得到的平滑效应系数越大时，表示风电集群的平滑效应越好。

地理上毗邻的风场(风机)出力峰谷变化在时间上趋于一致的现象则被称为相关性。相关性与平滑效应是大规模风电波动特性对立统一的两个方面：风电出力相关性越强，则互补性越差，最终平滑效果越差，反之平滑效果越好。为了验证多风电场总体出力的"平滑效应"，分别使用同区域相关性较强的多风场数据与相关性较弱的多风场数据进行仿真。首先使用相关性较弱的德国 Tennet 风电场群与英国某风电场数据计算平滑效应系数，结果如表 5-1 所示。

表 5-1　平滑系数计算结果

风场数量	单风场	双风场	三风场
平滑系数	0	0.264	0.312

根据表 5-1 计算结果可见，当空间包含范围扩大时，大范围内风电总出力的平滑系数逐渐增大，表示风电的波动逐渐减小。说明随空间尺度的延伸，风电功率的波动会降低，总体出力更为平滑。

然而，并非多个风电场出力进行叠加时风电功率的波动性都会降低，现以美国 Texas 州大学替代能源研究所网站中 TTNorth、WhiteDeer、YoungCounty 这 3 个相邻风电场的数据仿真为例说明这个问题。如图 5-2 所示，单风电场为 TTNorth 风电场，双风电场为 TTNorth 风电场和 WhiteDeer 风电场的叠加，三风电场为三个风电场的叠加。

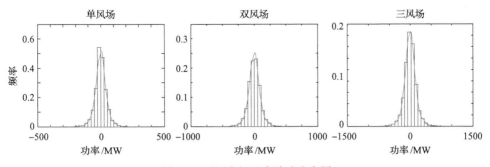

图 5-2　不同空间尺度波动分布图

由图中可见，随着集群风电场数量的增加，风电波动率的范围逐渐增加，风电波动率较小的概率较低，说明此时风电集群出力之后波动性显著增强。分析可知，所考虑的 3 个风电场间相关系数较高(超过 0.8)，相关程度较高的风电场风电功率汇总之后比单个风电场的风电功率波动性大。

从以上分析可见，当区域较小时，区域内风电场之间的风电功率相关程度较高，可能会导致风电功率的波动增大。当区域较大时，风电场间的风电功率相关性减弱，互补性增强，风电功率的波动性会降低。

5.2.3 风电功率序列在不同时间尺度下的波动特性

显而易见，在经过不同时间(如经过 1h 或 2h 之后)风电功率的波动量和波动率是不同的。对于风电功率序列来说，在不同时间尺度下对波动性进行研究，有助于了解风电功率在不同时间间隔上的变化程度，从而掌握风电波动随时间变化的特点。

对不同时间尺度下风电功率波动性分析可以从以下两个方面进行：①对不同时间间隔下风电功率波动特性进行研究[94]；②对风电功率停留在某个状态的持续时间特性进行研究[36]。

1. 对不同时间间隔下风电波动情况进行研究

首先，给出不同时间尺度下风电功率平均变化量的计算公式，其计算式为

$$P_i^{av} = \frac{1}{N} \sum_{t=(i-1)N+1}^{iN} P_t, \quad i = 1, 2, \cdots, L \tag{5-7}$$

式中，P_i^{av} 为第 i 个时段的平均功率；N 为时间间隔的长度；P_t 为实测第 t 分钟平均功率；L 为时间间隔的总数。

定义平均功率变化量 ΔP_i^{av} 为

$$\Delta P_i^{av} = P_i^{av} - P_{i-1}^{av} \tag{5-8}$$

根据式(5-7)和式(5-8)，选择不同的时间间隔可以计算不同的 P_i^{av} 值。例如选择分钟级时，计算每分钟内的平均功率，即可得到一组风电功率时间序列的波动分布情况。以美国 TTNorth 风电场 2010 年全年数据、德国 Tennet 风电场群 2016 年全年数据、英国某风电场 2012 年全年数据为例，分别计算时间间隔为 15min、30min、60min 情况下的风电功率变化量，其分布图如图 5-3 所示。

由图 5-3 可见，随着选取的间隔时间的逐渐增加，风电功率波动的范围也随之逐渐增大，同时分布图像整体也逐渐"变宽变矮"，即风电功率在经过较长的时间间隔之后，发生波动的程度会提高，发生较大波动的概率也会随之提高。这表明随着时间间隔的增加风电功率的波动性会随之增强。对于 3 个不同的风电场来说，其风电功率波动值的概率分布变化趋势都是相同的，说明了不同地区风电功率在不同时间尺度上的变化规律具有一定的共性。

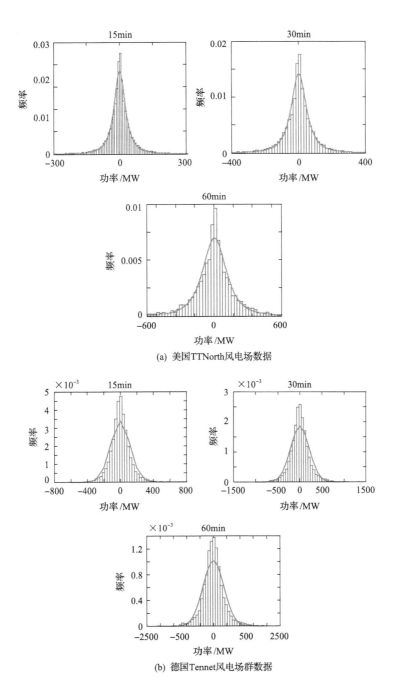

(a) 美国TTNorth风电场数据

(b) 德国Tennet风电场群数据

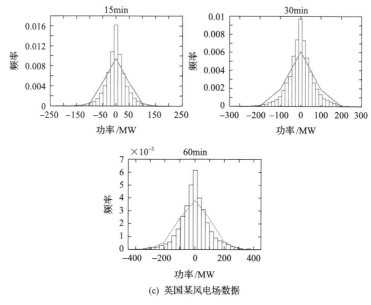

(c) 英国某风电场数据

图 5-3　不同时间尺度平均功率波动分布图

2. 对风电功率的持续时间特性进行研究

风电功率持续时间表征的是风电功率保持在某一个状态的时间。风电功率的状态定义为：将风电功率的可能取值范围(即从 0 到风电场的额定装机容量)离散化为若干个功率区间，每个功率区间记为风电功率的一个状态[36]。从定义可以看出，风电功率的每一个状态是有界的，风电功率的持续时间越长，说明风电功率停留在某个功率数值的时间较长，波动率较小。

同样以美国 TTNorth 风场 2010 年数据为例，将其风电功率在可能取值的范围内等分为 10 个区间，分别对应 10 个不同的风电出力状态，仿真得到风电功率的持续时间分布如图 5-4 所示。

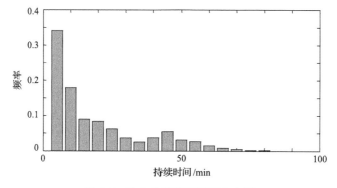

图 5-4　风电功率持续时间分布图

　　基于持续时间分布图，可以对风电功率的波动性有一定的了解。如果风电功率的持续时间主要分布在时间较短的范围内，说明风电功率的波动比较剧烈；如果风电功率的持续时间主要分布在时间较长的范围内，则说明风电功率的波动相对较弱。对于风电功率的持续时间特性，会在本书的第 6 章 "风电功率的持续特性" 章节中详细介绍，在此不再深入探讨。

第6章 风电功率持续特性分析

6.1 引　　言

在对风电功率波动性与相关性进行研究的过程中，风电功率持续特性的研究得到发展[34]。风电功率的持续特性，指的是风电功率保持某种状态的能力，其与风电功率的波动性与相关性都有一定的区别与联系。目前，风电功率的持续特性研究主要包括对风电功率状态持续时间特性研究与风电功率状态转移特性研究两方面[34]。

对风电功率保持在同一状态的持续特性(包含状态转移特性和状态持续时间特性，本章将其统称为风电功率的持续特性)进行定量描述，具有重要的意义。主要体现如下：①掌握风电功率持续特性，可根据当前风电功率的状态，预测下一个或下几个时刻风电功率的状态，实现更为准确的超短期风电功率预测；②风电功率持续时间特性丰富了对风电功率特性的刻画，使风电功率的随机特性更进一步被认识和掌握，从而能更好地被利用和控制。

目前，关于风电功率持续特性尚缺乏深入的研究。文献[106]对 Minnesota 州风电场的风电功率序列 1s、1min 和 1h 的状态转移特性进行了分析，但并未进一步归纳总结出风电功率状态转移的规律和特性。文献[107]将风电功率的可能出力范围等分为若干子区间，每个子区间代表风电功率的一个状态，文中形成了 Markov 链状态转移矩阵，并基于此生成风电功率序列，但未对状态转移特性进行深入研究。文献[108]基于风电场的年出力持续时间曲线，采用特征指数指标研究海上风电功率的年持续出力特性，但文中仅统计某个出力水平所持续的时间，未对出力水平持续时间的概率分布特性进行研究。文献[109]将风电功率作为负的负荷，统计其年持续出力曲线，并基于此对含有风电的电力系统进行可靠性评估，得出风电功率的置信度水平。

风电功率的状态转移特性指的是风电功率从一个状态变化到另一个状态的特性，对风电功率状态转移特性的研究基于风电功率的状态转移矩阵[36]，多应用于风电功率风险评估[110]、风电功率序列生成[111]、风电功率预测[112]等方面。

本章基于风电功率状态的定义，阐述状态持续时间、状态转移率等持续特性指标的定义。基于多个风电场的风电功率实测数据，对风电功率状态持续时间、状态转移率的概率分布特性进行定量研究，希望能更加全面和客观地描述风电的随机特性。

6.2　风电功率持续特性

6.2.1　风电功率状态的持续时间特性

风电功率状态的持续时间特性是指风电功率维持在每个状态持续时间的概率分布。风电功率状态持续时间的统计包括两个方面：保持某个状态的时间长度和持续某一个时间长度的次数。也就是，当风电功率从任意状态 $m(m \neq n)$ 进入到状态 n 后，开始记录风电功率保持在状态 n 内的时间；若风电功率经历时间 T 后跳出状态 n，则记录状态 n 持续时间 T 一次。按照这种方法统计实测风电功率序列，可以得到风电功率在状态 n 下不同持续时间各自出现的次数。

图 6-1[36] 为美国 Texas 州 Brazos 风电场典型的有功功率输出序列，可以看出，风电功率虽然具有较强的波动性，但并非任何时刻均发生大幅度波动。图 6-1 中，在 3000～3600min 时间段内，风电功率在 150MW 附近大约持续了 10h。在此时间段内，该风电场可等效为一个输出功率为 150MW 的常规发电厂。可见，研究风电功率的持续特性，了解风电功率保持某一出力水平的能力，掌握其变化的规律，对电力系统调度运行决策具有重要参考价值。

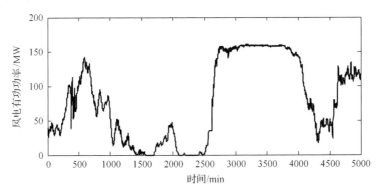

图 6-1　风电场有功功率出力

为了分析风电功率持续特性，首先定义风电功率的状态。将风电功率的可能取值范围(即从 0 到风电场的额定装机容量)离散化为若干个功率区间，每个功率区间即为风电功率的一个状态。例如，风电场的额定装机容量记为 P_E，拟划分的状态总数为 N，则第 n 个状态代表的功率区间范围设定为

$$(P_{\text{lower}}^n, P_{\text{upper}}^n]$$

$$P_{\text{lower}}^n = (n-1) \times \frac{P_E}{N}, \ P_{\text{upper}}^n = n \times \frac{P_E}{N}, \quad n = 1, 2, \cdots, N \tag{6-1}$$

风电功率状态持续时间如图 6-2 所示，图中功率曲线代表风电场某一时段的

实际风电功率。按照上文对风电功率状态的划分，可将风电场额定装机容量划分为 N 个状态，第 n 个状态功率区间上下界分别为 P_{lower}^{n}、P_{upper}^{n}，具体的数值可以参照式(6-1)计算。图中，$t_1 \sim t_6$ 为状态 n 功率区间上下界对应的时刻，t_1 时刻风电功率从状态 m 开始进入状态 n，在状态 n 持续一段时间后，于 t_2 时刻跳出状态 n，记两个时间的差值 T_1 为风电功率保持在状态 n 的持续时间。以此类推，可以得到风电功率在状态 n 持续的其他持续时间 $T_i(i=2,3,\cdots)$，按此方法对不同状态的持续时间进行统计，便可得到每一状态下不同的持续时间及其出现的次数。

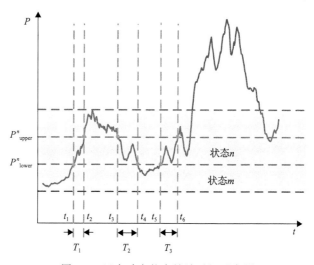

图 6-2　风电功率状态持续时间示意图

例如，对 Brazos 风电场风电功率持续时间进行统计，该风电场的额定功率为160MW，被等分为 10 个状态(加 0 状态共 11 个状态)，得到各状态持续时间分布曲线如图 6-3 所示。

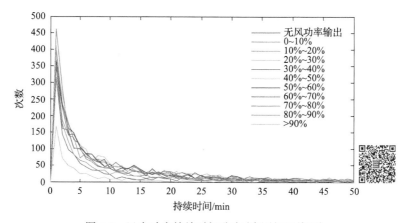

图 6-3　风电功率持续时间分布(彩图扫二维码)

图 6-3 中，横坐标为状态 n 的不同持续时间，纵坐标为各持续时间对应的次数，可以看出，每个状态持续时间分布的趋势大致相同。

6.2.2　风电功率的状态转移特性

风电功率的状态转移特性指的是风电功率从一个状态变化到另一个状态的特性，风电功率的状态转移特性一般由风电功率的状态转移矩阵进行表征。

风电功率状态转移率特性描述的是在不同时间尺度下，风电功率在不同状态之间转移的概率特性。引入状态转移率矩阵对这种特性进行量化，状态转移率矩阵 $\boldsymbol{P}$ 为一个 $N \times N$ 的矩阵，其中，N 为风电功率的状态数。$\boldsymbol{P}$ 中每个元素 p_{ij} 表示风电功率从当前状态 i 在经过给定的时间 T 后转移到状态 j 的概率。即

$$p_{ij} = \boldsymbol{P}(X_{t+T} = j \mid X_t = i) \tag{6-2}$$

从式(6-2)可以看出，在风电功率状态转移率的定义中，下一时刻的风电功率只与当前时刻的风电功率相关，而与之前的一系列风电功率没有关系，属于马尔科夫过程。文献[113]中给出了高维状态转移矩阵 $\boldsymbol{P}$ 的定义，用高阶 Markov 链来描述，即，

$$p_{i_{n-1}\cdots i_0 j} = \boldsymbol{P}(X_{t+1} = j \mid X_t = i_0, \cdots, X_{t-n-1} = i_{n-1}) \tag{6-3}$$

此时，矩阵中每个元素 $P_{i_{n-1}\cdots i_0 j}$ 代表的是变量 X 前 n 个状态依次分别为 $i_{n-1}, \cdots, i_0$ 时，下一个状态为 j 的概率。考虑到高维状态转移率矩阵的数据规模庞大，且很难直观地体现参数间的关系，所以，本节只分析由式(6-2)所定义的风电功率一阶 Markov 链的状态转移率矩阵的特性。

6.3　风电功率持续时间特性分析

在 6.2.1 节中定义了风电功率的持续时间特性及其计算方法，对风电功率持续时间进行分析。

6.3.1　风电功率状态持续时间的概率分布函数

1. 逆高斯分布

逆高斯分布的表达式[114,115]如式(6-4)所示。

$$f(x; \mu, \lambda) = \left(\frac{\lambda}{2\pi x^3}\right)^{1/2} \exp \frac{-\lambda(x-\mu)^2}{2\mu^2 x} \tag{6-4}$$

式中，x 为大于零的随机变量；$\mu > 0$ 为均值；$\lambda > 0$ 为形状参数。

典型参数的逆高斯分布曲线如图 6-4 所示。在 λ 相同的情况下，μ 值越大，则分布的尖峰越低。当 λ 趋近于无穷时，逆高斯分布逐渐趋近于正态分布。可见，当选取参数不同时，逆高斯分布曲线形状变化较大，因此其具有较广的应用范围。

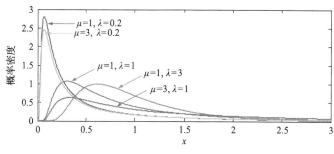

图 6-4　典型参数逆高斯分布曲线

2. 风电功率状态持续时间概率分布函数选择

为了定量描述风电功率状态持续时间概率分布，首先获得反映其分布特性的直方图，然后选择能较好拟合直方图的函数作为概率分布函数。

将图 6-4 中各持续时间的次数，分别除以对应状态持续时间的总次数，即得到该状态下持续时间的概率。统计该状态下所有持续时间的概率值，则可以得到风电功率在此状态下持续时间的概率分布，如图 6-5 中的各直方图所示。

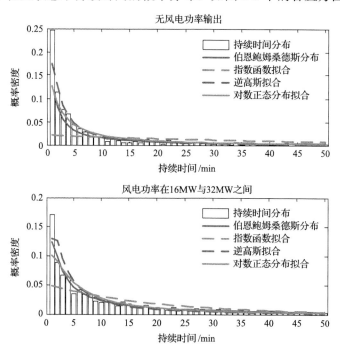

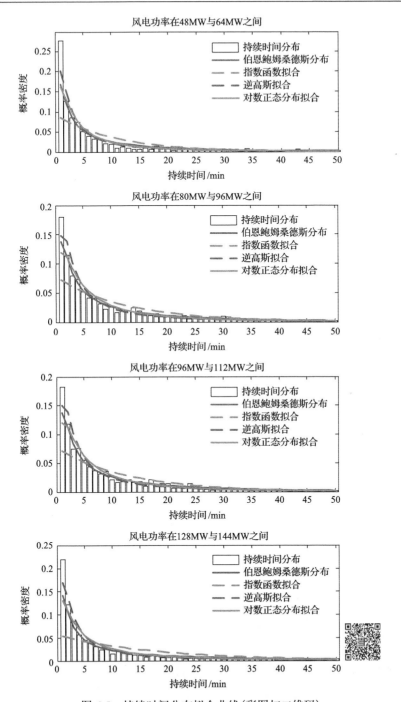

图 6-5　持续时间分布拟合曲线(彩图扫二维码)

　　为了选择定量描述风电功率持续时间的概率分布函数，本章分别采用伯恩鲍姆桑德斯分布[116]、指数分布[104]、对数正态分布[117]及逆高斯分布[118]等对直方图进行拟合。利用极大似然法[104]，对各分布的参数进行估计。分析发现，逆高斯分布比其他分布更适合于描述风电功率持续时间的概率分布。图 6-5 是 Brazos 风电场部分状态的拟合结果，从图 6-5 可以看到，指数函数的拟合曲线在持续时间较短的区域与原始分布相差较多；伯恩鲍姆桑德斯分布与对数正态分布的拟合效果类似；相比较而言，逆高斯分布拟合曲线更接近原始分布。

　　选择最佳概率分布函数的原则是与反映其分布特性的直方图最接近。为了量化拟合效果，基于残差平方和[119]指标(residual sum of squares，RSS)计算各拟合函数与直方图的误差，计算公式如式(6-5)所示。RSS 指标越小，则说明拟合越精确。

$$RSS = \sum [f(x_i) - P_{x_i}]^2 \tag{6-5}$$

式中，x_i 为随机变量历史数据的取值；$f(x_i)$ 为 x_i 对应的拟合函数值；P_{x_i} 为变量原始分布中 x_i 对应的概率值。

　　计算结果如表 6-1 所示。从表中可以看出，逆高斯分布拟合的曲线与直方图的 RSS 最小。因此基于所研究的典型风电场中，选用逆高斯分布作为风电功率持续时间分布的拟合函数最为合适。

表 6-1　利用 4 种概率密度函数拟合各状态持续时间的 RSS

状态编号	伯恩鲍姆桑德斯分布	指数分布	逆高斯分布	对数正态分布
0	0.0129	0.0437	0.0070	0.0143
1	0.0074	0.0367	0.0043	0.0110
2	0.0030	0.0160	0.0056	0.0064
3	0.0017	0.0136	0.0029	0.0045
4	0.0024	0.0151	0.0039	0.0057
5	0.0032	0.0172	0.0042	0.0065
6	0.0022	0.0135	0.0032	0.0050
7	0.0024	0.0136	0.0034	0.0052
8	0.0045	0.0195	0.0053	0.0077
9	0.0060	0.0294	0.0039	0.0091
10	0.0162	0.0505	0.0091	0.0177
均值	0.0056	0.0244	0.0048	0.0085

6.3.2　风电功率状态持续时间的概率分布特性分析

　　表 6-2 为 Brazos 风电场各状态拟合的逆高斯分布函数参数值，包括出力范围、参数 μ 与 λ 的拟合值及最长持续时间。从表 6-2 可以看出，除首末状态外，其余各状态持续时间的 λ 值均集中在 4 左右，这进一步验证了上述关于不同状态持续

时间分布趋势类似的结论。参数 μ 随着状态区间功率数值的增加而先减小后增大。这表明风电功率更容易在出力较低或较高的水平保持不变，中等出力水平的平均持续时间较短，可以将其视为风电功率在高、低水平出力之间转换的中间过渡过程。对最长持续时间的统计可以看出，风电功率在任意状态下，均有可能持续较长时间。比如在 112MW 与 128MW 之间，最长持续时间达到了 4259min，大约三天的时间。由此可见，虽然风电功率具有波动性和不确定性，但仍然有可能在一个较长的时间段内，保持出力几乎不变。

表 6-2　不同出力状态持续时间特性

出力范围/MW	μ	λ	最长持续时间/min
0	45.32	2.788	2336
0~16	30.94	3.239	3261
16~32	19.46	4.040	1145
32~48	14.28	4.101	465
48~64	14.22	3.943	1271
64~80	13.31	3.804	414
80~96	12.84	3.940	601
96~112	13.06	3.883	1160
112~128	17.01	3.482	**4259**
128~144	17.71	3.244	400
144~160	46.18	2.680	1247

为了进一步深入研究风电功率状态持续时间分布特性，本章将风电功率划分为 3~10 个(不含状态 0)状态，并分别对不同划分下的风电功率持续时间分布特性进行研究，对比发现：对于不同的状态数划分，逆高斯分布的拟合效果仍然较好。表 6-2 给出了状态总数为 5 时，7 座不同风电场(群)的风电功率状态持续时间的概率分布拟合结果。由于篇幅限制，图中只给出其中第 1、3、4 个状态的分布情况。7 座风电场(群)的基本信息见表 1-1 中编号为 1~7 号风电场。

对比图 6-5 和图 6-6 中可以看出，当 Brazos 风电场的有功功率被分为 5 个状态(图 6-5)时(不含 0 状态)，其状态持续时间的概率分布特性与 10 状态的持续时间(图 6-5)概率分布类似。

其他风电场(群)状态持续时间的概率分布都具有与 Brazos 风电场类似的特性，但随着风电场群分布范围越来越广，由于地域间的相关性影响，其状态持续特性虽然依然大致服从逆高斯分布，但其规律性并没有单一风电场强。例如德国 TenneT 风电场群的有功功率在 0.6~0.8p.u.持续时间的概率分布并不严格满足随持续时间的增加而递减的规律。因此，上述状态持续时间的概率分布特性，主要适用于单个风电场或小范围内的风电场群。

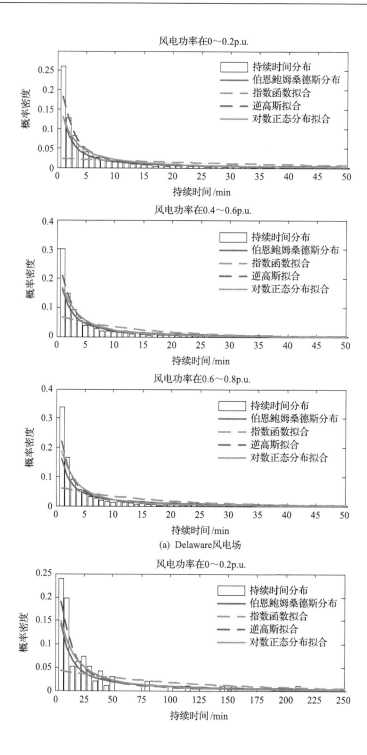

(a) Delaware风电场

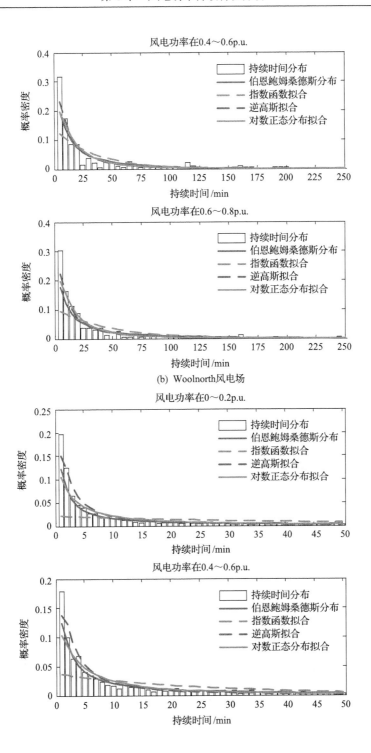

(b) Woolnorth风电场

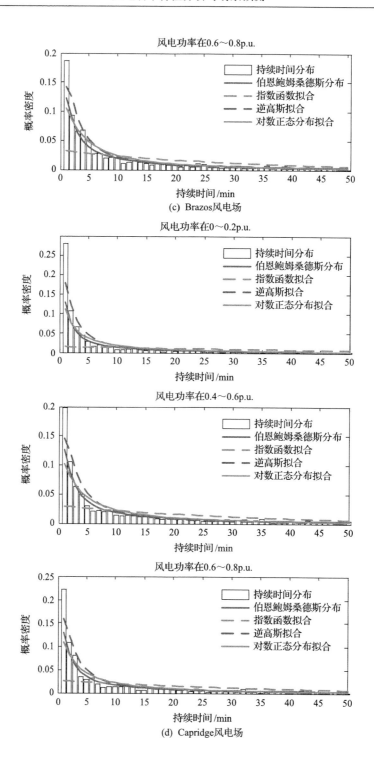

(c) Brazos风电场

(d) Capridge风电场

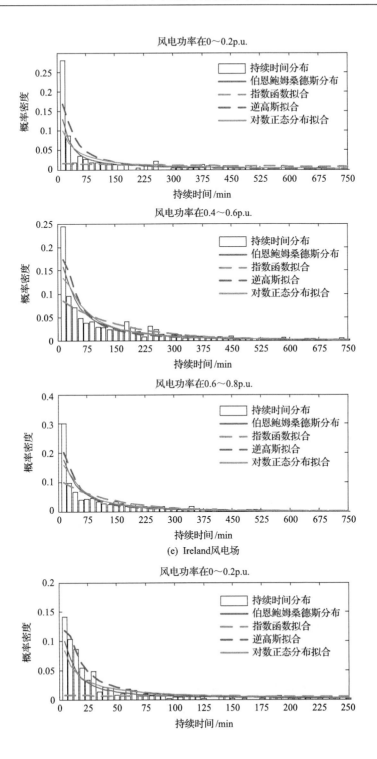

(e) Ireland风电场

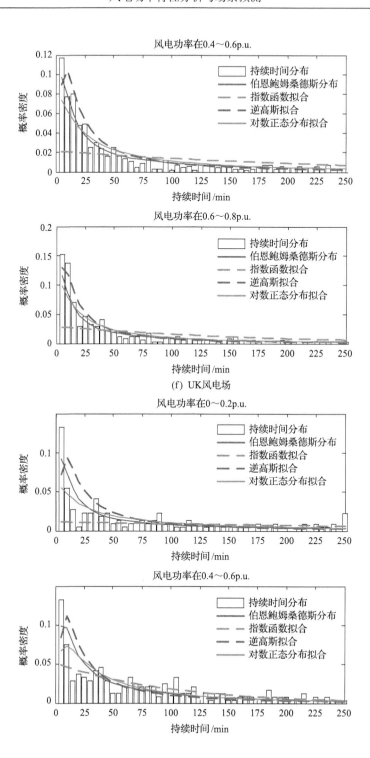

(f) UK风电场

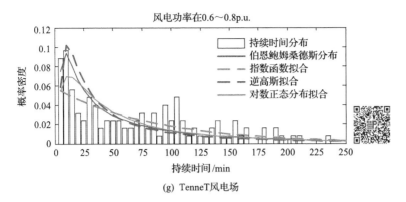

图 6-6　不同风电场风电功率持续时间概率分布特性(彩图扫二维码)

6.4　风电功率状态转移率特性

6.4.1　状态转移率矩阵的计算方法

当获得了一定长度的风电功率序列之后(设功率采样时间间隔为 T),可采取以下步骤生成风电功率状态转移率矩阵。

(1)根据风电场的装机容量确定风电功率的状态数 N,进而确定每个状态对应的出力范围。

(2)建立一个 $N×N$ 的矩阵 S,用以统计各状态之间转移的次数,其中矩阵的行表示当前状态,矩阵的列表示下一状态。

(3)假设风电功率实测序列的第一个值对应状态 m,下一个时刻值对应状态 n,则矩阵 S 的对应元素 s_{mn} 加 1。

(4)按步骤(3)统计风电功率序列所有相邻状态的转移情况,所得到矩阵 S 中即包含了所有对应的状态转移次数。

将 S 中的每个元素除以该元素所在行的元素之和(如式(6-6)),即可得到状态转移率矩阵 P 的元素。

$$p_{ij} = \frac{s_{ij}}{\sum_{j=1}^{N} s_{ij}} \tag{6-6}$$

通过上述步骤,可以得到时间间隔为 T 时风电功率的状态转移率矩阵 P。改变 T 的大小,可以得到不同时间尺度下的状态转移率矩阵。

6.4.2　风电功率状态转移率特性分析

按照上述方法,对表 1-1 编号为 1～7 的 7 座风电场(群)的风电功率序列进行

11 状态(含 0 状态)转移特性分析,结果如图 6-7 所示。图中分别给出了 Delaware、Woolnorth、Brazos、Cparidge、Ireland、UK、TenneT 风电场(群)的 15min、30min 和 60min 的状态转移率矩阵元素值柱形图。

　　以 Brazos 风电场 15min 状态转移率特性为例,可以看出,对角线上的元素值要明显大于其两侧元素的值,且距离对角线越远,元素值越小,呈现出"山脊"特性。随着时间尺度的增加,对角线元素值逐渐减小,两侧的值逐渐增加。可见,对于风电功率来说,短时间内保持原状态不变的概率最大,相距越远的状态,相互间的转移概率越小。而随着时间的推移,风电功率保持原状态的概率逐步减小,向其他状态转移的概率逐步增加。

　　从图 6-7 还可以看出,不同风电场的状态转移率特性虽然各不相同,但大致都满足 Brazos 风电场的统一规律,只是不同风电场风电功率保持本状态出力不变的概率值随时间尺度增加而降低的速度不同。例如 Brazos 风电场和 Delaware 风电场的对角线元素值下降速度较快,而 Ireland 风电场群与 UK 风电场群对角线元素值下降速度较慢。这是因为后两个风电场群的额定装机容量较大,且不同风电场之间的地理位置分散,相关性差,所以导致整体输出风电功率在保持某个状态不变的概率变高。从 Delaware 风电场与 Ireland 风电场群的状态转移率矩阵上可以看出,状态转移率矩阵还能够清楚地描述风电场有功功率未曾达到的出力状态,

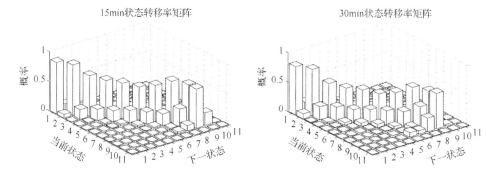

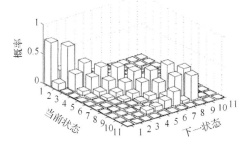

(a) Delaware风电场不同时间尺度状态转移率矩阵

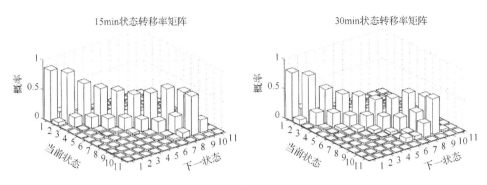

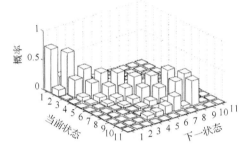

(b) Woolnorth风电场不同时间尺度状态转移率矩阵

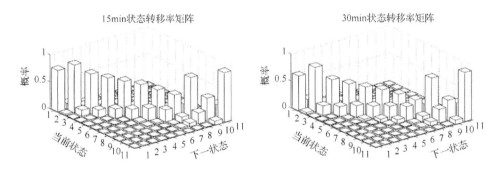

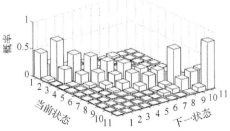

(c) Brazos风电场不同时间尺度状态转移率矩阵

15min状态转移率矩阵　　　　　　　　30min状态转移率矩阵

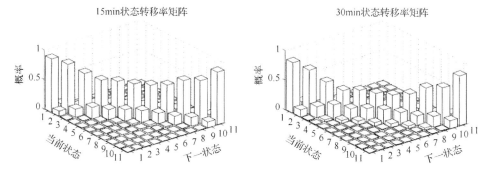

60min状态转移率矩阵

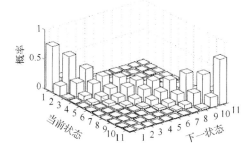

(d) Cparidge风电场不同时间尺度状态转移率矩阵

15min状态转移率矩阵　　　　　　　　30min状态转移率矩阵

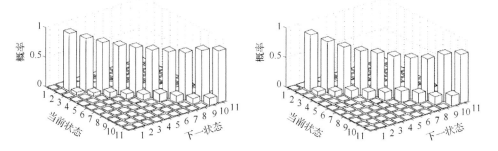

60min状态转移率矩阵

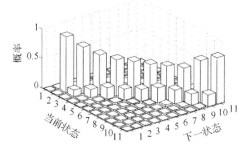

(e) Ireland风电场群不同时间尺度状态转移率矩阵

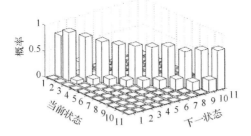

(f) UK 风电场群不同时间尺度状态转移率矩阵

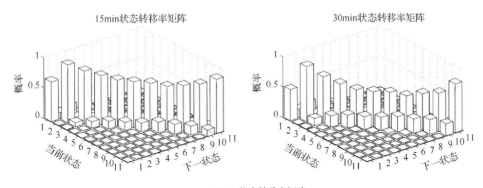

(g) TenneT 风电场群不同时间尺度状态转移率矩阵

图 6-7 不同时间尺度下风电功率状态转移率特性对比

该状态在转移率矩阵上所显示的情况为对应的行和列上的所有元素均为 0。例如在实测数据所描绘的时间段内,Delaware 风电场未曾达到过风电场装机容量0.9p.u.以上,而 Ireland 风电场群从未出现过有功输出为零的情况。

表 6-3 给出了 Brazos 风电场 15min 的风电功率状态转移率矩阵值,其中行代表当前时刻的状态,列标题代表 15min 后的状态,表中的数值为相应的状态转移发生的概率,由于已将小于 0.1%的概率值直接取为零,所以状态转移矩阵中每一行的概率值之和并不严格地等于 1。从表 6-3 可以看出,风电功率在 15min 之后会发生向其他状态转移的情况,转移的幅度约为风电场额定装机容量的±20%。但是对于相距较远的出力状态,其互相之间的转移概率非常小。比如风电场当前为状态 3(出力在 20%~30%装机容量之间),15min 后出力降为零(状态 0)的概率仅为 0.1%,而出力在 15min 后升至装机容量的 50%以上(状态 6 及以上)的总概率也不超过 1%。因此,可以基本认为,15min 之内风电场输出功率在±20%装机容量的范围内变化。

表 6-3　Brazos 风电场 15min 的风电功率状态转移率矩阵值

状态	0	1	2	3	4	5	6	7	8	9	10
0	0.897	0.097	0.002	0.001	0	0	0	0	0	0	0
1	0.081	0.829	0.078	0.007	0.003	0	0	0	0	0	0
2	0.003	0.138	0.695	0.144	0.011	0.004	0.002	0.001	0	0	0
3	0.001	0.012	0.191	0.600	0.171	0.018	0.005	0.002	0.001	0	0
4	0.002	0.004	0.017	0.177	0.602	0.169	0.021	0.004	0.002	0	0.001
5	0	0.002	0.005	0.022	0.193	0.582	0.173	0.020	0.003	0.001	0
6	0	0.001	0.003	0.004	0.023	0.198	0.582	0.165	0.019	0.004	0
7	0	0	0.002	0.003	0.005	0.022	0.177	0.607	0.164	0.171	0.002
8	0	0	0	0	0.001	0.004	0.017	0.148	0.703	0.116	0.009
9	0	0	0	0	0	0.002	0.001	0.003	0.011	0.146	0.729	0.106
10	0	0	0	0	0	0	0.001	0.001	0.004	0.097	0.895

本章基于风电功率状态的定义,对风电功率持续特性进行了深入的研究,通过对多个风电场的实测风电功率数据的分析,得到了以下结论。

(1)风电功率不同状态的持续时间大致满足逆高斯分布,即各状态下持续较短时间的概率大于持续较长时间的概率,而且随着持续时间的增加,概率逐渐减小。风电场有可能长时间(数小时甚至数日)保持相同的出力状态,且在出力较低或较高的状态保持不变的平均时间要长于保持中等出力状态的平均时间。风电功率状态持续时间分布特性的分析将有助于对风电功率在某一出力水平下的持续时间做出估计,对于风电功率的短期预测提供重要参考。此外,持续时间的长短从某种程度上也反映了风电场有功功率的平均水平,这对含风电电力系统的规划、运行方式的安排等，都有一定的指导意义。

(2)风电功率的状态转移率矩阵呈现"山脊"特性，表明短时间内风电功率保持原状态不变的概率远大于转移到其他状态的概率，且状态间相距越远，转移发生的概率越小。但随着时间的推移，风电功率向相邻或距离更远的状态转移的概率逐渐增加。15min 尺度下，风电场的出力水平会保持在±20%装机容量内。风电功率状态转移率特性对于风电场出力水平的跳变给出了量化的分析结果，该结果能够帮助确定接纳风电后，电力系统对常规发电机组调峰能力的要求。另外，若考虑风机配置储能元件以平抑风电功率波动，利用该特性分析可以对储能元件的功率容量提出具体的要求。

需要说明的是，以上结论主要基于本章所研究的 7 座风电场(群)，这些特性是否具有普遍性，还有待于用更多的风电场数据来检验。

第7章 风电功率特性研究总结

7.1 引　言

本书的前几章对风电功率的日曲线特性、相关性、预测误差特性、波动特性和持续特性进行了分析，比较全面地阐述了风电功率的特性。本章对风电特性进行总结，包括风电功率相关特性、预测误差特性、波动特性及持续特性等方面的研究总结。

7.2 风电功率相关性研究总结

风电功率的相关性包括单个风场不同时段内风电功率的相关性和不同风场风电功率之间的空间相关性。通过对风电功率的相关性分析，可更加直接地掌握风电功率在不同时间和空间尺度的特性，对风电基地规划、电网的安全稳定运行有着重要的指导意义。

实际分析时，通常采用线性相关系数来描述风电变量之间的线性相关程度。文献[120]利用线性相关系数分析了甘肃酒泉地区同一风电场群的不同风电场的相关性、不同风电场群的相关性及风电场群与风电基地的相关性，得到风电场、风电场群、风电基地三个层次的互补特性。然而，线性相关系数对于不服从正态分布的随机变量并不适用，以线性相关为基础的分析研究可能不够准确，因此需要寻找能够准确刻画非线性相关的模型和方法。Copula 函数提供了一种根据边缘分布函数计算联合分布函数的有效方法，在描述非线性、非对称性、尾部相关性等方面有良好的性能。目前，基于 Copula 函数的风电功率相关性研究取得了一定成果。文献[121]基于 Copula 理论建立风电功率相关性模型。文献[122]构造了能够描述风电功率尾部特征的混合 Copula 函数，最终结果表明，混合 Copula 函数能够较好地刻画风电功率间的相关性。文献[50]利用 Copula 函数和 Kendall 秩相关系数等非线性相关测度对风电功率的相关特性进行了全面分析，可为电力系统计算、分析和预测提供更全面和准确的信息。文献[123]提出了采用时变 Copula 函数来分析风电出力时变相关性，并证明时变 Copula 函数模型拟合比静态 Copula 函数模型拟合更具有优越性。未来可基于 Copula 相关性分析理论，选择更合适的 Copula 函数及参数，对风电功率的相关性进行更准确的描述。

7.3　风电功率的预测误差特性研究总结

风电功率预测作为风电并网的基础支撑技术模块，具有保证电网安全、提高风电效益的重要作用，因而得到了广泛的研究和应用。尽管目前风电功率预测技术已取得了较大的进步，但其预测误差依然较大[124]，电力系统不得不配置额外的备用容量来平衡风电功率预测的较大误差。在考虑风电接入的潮流分析、机组组合、经济调度等问题中，风电功率预测误差描述的准确程度会对优化结果产生显著的影响[125]，因此有必要对风电功率预测误差特性进行深入研究。

目前国内外对风电功率预测误差特性的研究已有了不少成果，主要采用具体的概率分布模型对历史预测误差的概率密度曲线和累积概率分布曲线进行拟合。通常情况下，风电功率预测误差概率密度被假设为服从正态分布、Gaussian 分布或贝塔分布。但很多情况下，尤其是风电并网容量大时，上述分布不能很好地描述风电功率预测误差[126]。对此，文献[24]和[127]分别提出含位置尺度参数 t 分布和广义误差分布描述风电功率预测的误差分布，拟合效果均比正态分布、高斯分布或贝塔分布好。除了用已知的分布函数去拟合风电功率预测误差外，有学者使用非参数估计方法研究风电预测误差的分布[128]。在不同的风电功率水平或不同的预测时段下，风电功率预测误差的分布往往也不同，因此有学者对其分布进行分段研究。例如，文献[129]以持续模型预测结果为参照，对各风速段的风电功率预测误差用贝塔分布进行拟合。文献[87]把风速作为影响风电预测误差的核心因素，根据风速把风电功率分为 3 段，对每一段的预测误差分布采用不同的方法进行拟合，取得良好的效果。文献[130]基于误差特性分析提出一种时序下的预测误差分段拟合方法，利用含位置尺度参数 t 分布对不同预测时间间隔下的风电功率预测误差进行拟合，并验证分段拟合的优越性。

尽管上述文献提出的方法相对于正态分布描述有了很大的改进，但仍存在一些问题需要进一步解决。

(1)目前的分布模型对风电功率预测误差的描述仍然不够准确，如带位置和尺度参数的 t 分布模型对同时具有尖峰和轻尾特性的误差概率密度分布曲线描述能力有限，广义误差分布模型存在尾部偏重且尖峰宽度过窄的不足等[24]。对此，仍需要找到更合适的分布去拟合风电功率预测误差。

(2)已有研究在分布拟合中多采用"分段—统计—拟合"的方法，将所有数据按照风电功率划分为若干区间，统计落在各区间功率点的频率，再对功率—频率进行函数拟合，这会导致每个时间段内更加精细的功率区间对应的频率信息被忽略。此外，拟合的结果随分段方法的变化而变化，风速预测误差的分布难以得到比较准确的描述[131]。因此，需要根据风电功率预测误差的特点，确定最佳的分段方法，对风电功率预测误差进行更加精细化的建模，以准确地描述不同风电功率下的预测误差分布。

(3)对于给定的预测模型，误差的分布函数随时间的变化会发生变化，而现有研究对于误差分布的时变特性的研究仍有待深入。因此，进一步的研究可在估计概率分布函数的模型中考虑误差分布的时变特性，这样将会对预测的各项指标有一定程度的提升。

(4)风电功率预测误差与所使用的预测方法有关，预测方法不同，得到的预测误差分布也不同。如何摒弃算法区别，分析不同预测方法之间误差概率分布的共性问题，是未来值得研究的方向。

7.4 风电功率波动性研究总结

随着大规模风电的并网，掌握风电功率的波动性将有利于更好地预测和利用风电。

衡量风电功率波动性的核心指标是风电出力波动量及波动率。按时间尺度划分，又可细分为风电的秒级、分钟级和小时级波动及波动率；按空间尺度划分，则有单机、风场(集群)和区域波动及波动率等。按统计方法划分，有风电出力变化(率)概率分布、风电功率变化(率)正/反向变化最大值、正/反向变化出现概率等指标[98]。对于风电功率波动性指标的研究已经比较多。

目前针对风电功率波动特性概率分布的研究主要集中在寻找能够准确描述风电波动特性的分布模型。例如，文献[36]基于风电功率状态的定义，通过概率拟合发现风电功率状态的持续时间大致服从逆高斯分布。文献[132]采用混合罗吉斯蒂克分布函数来描述风电功率的不同采样间隔和时间窗分布特性，并利用风电场实测数据进行仿真实验，证明混合罗吉斯蒂克分布模型能够较好地描述风电功率的波动特性。文献[94]提出了用含位置尺度参数 t 分布来拟合不同容量风电场、不同类型风机风电场及不同时间尺度风电场的风电功率波动的概率分布。然而，上述方法不能很好地描述各种采样间隔、时间窗及多种时空条件下的风电功率波动性。针对这个问题，可以利用组合模型来模拟风电功率波动特性。单一模型不能从全局最优角度描述具有"凸"特征的风电功率波动变化率序列，而混合模型是若干单一模型的凸组合，相比单一模型，混合模型能够更加平稳灵活地描述其波动特征[132]。因此可以根据风电功率波动的形状，采用多种模型组合以提高模拟精度。

对风电波动性时空特性的研究已有较多成果，随着获取风电数据成本的降低，研究的对象也逐步由单风电场转为集群风电场和区域风电场。文献[133]基于中国东北某省级电网 GW 级风电场群实测功率数据，分析了风电功率波动在不同时间、空间尺度上的分布特性，得到以下结论：

(1) 随着时间尺度的增大，风电功率的波动性呈现上升的趋势。

(2) 随着空间尺度的增大，风电场最大输出功率呈现下降的趋势。

(3) 随着风电场群空间分布广度的增加，风电功率的波动随风电规模的增大趋于缓和，出现"平滑效应"。

文献[98]定义了给定累积概率分布函数下的功率变化率置信区间，能够较好地衡量不同时空尺度下风电功率的波动变化规律。然而，当前针对风电功率波动性的时空分析大多都是定性的分析，未能很好地量化波动性与风机数量、装机容量之间的关系。因此，未来还需要利用数学的方法对其进行定量分析。

7.5　风电功率持续特性研究总结

风电功率的持续特性作为一种描述风电功率随机性的新指标近年来逐渐受到了各类研究人员的重视。基于多座风电场/群的大量实测功率数据的研究发现：风电功率在某个特定状态可能持续几个小时甚至更长时间，逆高斯分布较适合用于描述风电功率状态持续时间的概率分布，可为系统运行调度提供参考信息；风电功率状态转移概率矩阵量化了风电场功率状态的跳变程度，风电功率状态的跳变呈现山脊特性。风电功率持续特性在理论研究和实际工程中均有良好的前景，风电功率持续特性研究的发展方向主要有以下两个方面：

(1) 发展新的风电功率持续特性的衡量指标，更全面表征风电功率的随机性。

(2) 将风电功率持续特性应用到风电功率预测、风电场景模拟等研究中，在已有的研究中增加对风电功率持续特性的考虑。

上篇参考文献

[1] The International Renewable Energy Agency. Renewable energy capacity statistics 2019[R]. Paris: The International Renewable Energy Agency, 2019.

[2] 国家发展和改革委员会能源研究所. 可再生能源发展"十三五"规划[R]. 北京, 中国: 国家发展和改革委员会能源研究所, 2016.

[3] 田书欣, 程浩忠, 曾平良, 等. 大型集群风电接入输电系统规划研究综述[J]. 中国电机工程学报, 2014, 34(10): 1566-1574.

[4] Matlab Statistics Toolbox User's Guide[M]. Mathworks Inc, 2014.

[5] 李庆扬, 王能超, 易大义. 数值分析[M]. 北京: 清华大学出版社, 2008.

[6] 陈学成. 面向电力系统运行需求的风电特性研究[D]. 大连: 大连理工大学, 2011.

[7] 赵宇, 肖白, 顾兵, 等. 基于改进马尔科夫链的风电功率时间序列模型[J]. 电力建设, 2017, 38(7): 18-24.

[8] 辛颂旭, 白建华, 郭雁珩. 甘肃酒泉风电特性研究[J]. 能源技术经济, 2010, 22(12): 16-20.

[9] 邓威, 李欣然, 徐振华, 等. 考虑风速相关性的概率潮流计算及影响分析[J]. 电网技术, 2012, 36(4): 45-50.

[10] 张里, 刘俊勇, 刘友波, 等. 计及风速相关性的电网静态安全风险评估[J]. 电力自动化设备, 2015, 35(4): 84-89.

[11] Embrechts P, McNeil A, Straumann D. Correlation and Dependency in Risk Management Properties and Pitfalls[M]. London: Cambridge University Press, 1999.

[12] 范荣奇, 陈金富, 段献忠, 等. 风速相关性对概率潮流计算的影响分析[J]. 电力系统自动化, 2011, 35(4): 18-22.

[13] Peiyuan C, Pedersen T, Bak-Jensen B, et al. ARIMA-based time series model of stochastic wind power generation[J]. IEEE Transactions on Power Systems, 2010, 25(2): 667-676.

[14] 张龙, 黄家栋, 王莉莉. 风速相关性对电力系统暂态稳定的影响[J]. 电力系统保护与控制, 2014, 42(6): 77-83.

[15] 胡心瀚. Copula方法在投资组合以及金融市场风险管理中的应用[D]. 合肥: 中国科学技术大学, 2011.

[16] 蔡德福, 石东源, 陈金富. 基于 Copula 理论的计及输入随机变量相关性的概率潮流计算[J]. 电力系统保护与控制. 2013, 41(20): 13-19.

[17] 别佩, 张步涵, 邓韦斯, 等. 计及输入变量强相关性的概率潮流计算模型[J]. 湖北工业大学学报, 2014(1): 49-52.

[18] 汤雪松, 殷明慧, 邹云. 考虑风速相关性的风电穿透功率极限的改进计算[J]. 电网技术. 2015, 39(2): 420-425.

[19] 朱新玲. 相关系数与Copula函数相关性比较研究[J]. 武汉科技大学学报(自然科学版). 2009, 32(6): 664-668.

[20] 潘雄, 王莉莉, 徐玉琴, 等. 基于混合Copula函数的风电场出力建模方法[J]. 电力系统自动化. 2014, 38(14): 17-22.

[21] 季峰, 蔡兴国, 王俊. 基于混合Copula函数的风电功率相关性分析[J]. 电力系统自动化. 2014, 38(2): 1-5, 32.

[22] 刘兴杰, 谢春雨. 基于贝塔分布的风电功率波动区间估计[J]. 电力自动化设备, 2014, 34(12): 26-30, 57.

[23] 朱思萌, 杨明, 韩学山, 等. 多风电场短期输出功率的联合概率密度预测方法[J]. 电力系统自动化, 2014, 38(19): 8-15.

[24] 叶林, 任成, 赵永宁, 等. 超短期风电功率预测误差数值特性分层分析方法[J]. 中国电机工程学报, 2016, 36(3): 692-700.

[25] 王松岩, 李碧君, 于继来, 等. 风速与风电功率预测误差概率分布的时变特性分析[J]. 电网技术, 2013, 37(4): 967-973.

[26] 杨锡运, 关文渊, 刘玉奇, 等. 基于粒子群优化的核极限学习机模型的风电功率区间预测方法[J]. 中国电机工程学报, 2015, 35(S1): 146-153.

[27] 黎静华, 桑川川, 甘一夫, 等. 风电功率预测技术研究综述[J]. 现代电力, 2017, 34(3): 1-11.

[28] 范高锋, 王伟胜, 刘纯, 等. 基于人工神经网络的风电功率预测[J]. 中国电机工程学报, 2008, 28(34): 118-123.

[29] 南晓强, 李群湛. 考虑风功率预测误差分布的储能功率与容量配置法[J]. 电力自动化设备, 2013(11): 121-126.

[30] Bludszuweit H, Dominguez-Navarro J A. A probabilistic method for energy storage sizing based on wind power forecast uncertainty[J]. IEEE Transactions on Power Systems, 2011, 26(3): 1651-1658.

[31] 林卫星, 文劲宇, 艾小猛. 风电功率波动特性的概率分布研究[J]. 中国电机工程学报, 2012, 32(1): 38-46.

[32] 姜文玲, 王勃, 汪宁渤, 等. 多时空尺度下大型风电基地出力特性研究[J]. 电网技术, 2017(2): 163-169.

[33] 侯佑华, 房大中, 齐军, 等. 大规模风电入网的有功功率波动特性分析及发电计划仿真[J]. 电网技术, 2010, 34(5): 60-66.

[34] Sun H S, Li J M, Li J H, et al. An investigation of the persistence property of wind power time series[J]. SCIENCE CHINATechnological Sciences, 2014, 57(8): 1578-1587.

[35] Papaefthymiou G, Klockl B. Mcmc for windpower simulation[J]. IEEE Transactions on EnergyConversion, 2008, 23(1): 234-240.

[36] 于鹏, 黎静华, 文劲宇, 等. 含风电功率时域特性的风电功率序列建模方法[J]. 中国电机工程学报, 2014, 34(22): 3715-3723.

[37] Morales J M, Mínguez R, Conejo A J. A methodology to generate statistically dependent wind speed scenarios[J]. Applied Energy, 2010, 87(3): 843-855.

[38] 潘雄, 周明, 孔晓民, 等. 风速相关性对最优潮流的影响[J]. 电力系统自动化, 2013, 37(6): 37-41.

[39] Han Y, Rosehart B. Probabilistic power flow considering wind speed correlation of wind farms[C]. Power Systems Computation Conference, Stochholm, 2011: 1-7.

[40] 丁然. 计及风电场功率相关性的随机潮流计算方法研究[D]. 重庆: 重庆大学, 2010.

[41] Villumsen J C, Bronmo G, Philpott A B. Line capacity expansion and transmission switching in power systems with large-scale wind power[J]. IEEE Transactions on Power Systems, 2013, 28(2): 731-739.

[42] Zhang N, Kang C Q, Xu Q Y, et al. Modelling and Simulating the Spatio-Temporal Correlations of Clustered Wind Power Using Copula[J]. Journal of electrical Engineering and Technology, 2013, 8(6): 1615-1625.

[43] 杨洪明, 王爽, 易德鑫, 等. 考虑多风电出力相关性的电力系统随机优化调度[J]. 电力自动化设备, 2013, 33(1): 114-120.

[44] Hur J. Spatial prediction of wind farm outputs for grid integration using the augmented kriging-based model[D]. Austin: The University of Texas at Austin, 2012.

[45] Katzenstein W, Fertig E, Apt J. The variability of interconnected wind plants[J]. Energy Policy, 2010, 38(8): 4400-4410.

[46] An J, Yang J Y. Reliability evaluation for distribution system considering the correlation of wind turbines[C]. The International Conference on Advanced Power System Automation and Protection, Beijing, 2011: 2110-2113.

[47] WanY H, Milligan M, Parsons B. Output power correlation between adjacent wind power plants[J]. Journal of Solar Energy Engineering, 2003, 125(4): 551-555.

[48] 徐青山, 杨阳, 黄煜, 等. 基于非正定型相关性控制的拉丁超立方随机潮流计算方法[J]. 高电压技术, 2018, 44(7): 2292-2299.

[49] Rheinländer T. Risk Management: Value at Risk and Beyond[M]. Cambridge: Cambridge University Press, 2002.

[50] 兰飞, 农植贵, 黎静华. 风电功率序列的时空相关性研究[J]. 电力系统及其自动化学报, 2016, 28(1): 24-31.

[51] 孙荣恒. 应用概率论[M]. 北京: 科学出版社, 2003: 158-184.

[52] 张尧庭. 我们应该选用什么样的相关性指标[J]. 统计研究, 2002, 9: 41-44.

[53] 韦艳华, 张世英. Copula 理论及其在金融分析上的应用[M]. 北京: 清华大学出版社, 2008.

[54] 程波. VaR 模型及其在证券投资中的应用[D]. 陕西: 西北农林科技大学, 2009.

[55] 边宽江, 程波, 王蕾蕾. 收益分布尖峰厚尾问题的统计检验[J]. 统计观察, 2009, 7: 83-85.

[56] 孙荣恒. 应用数理统计[M]. 北京: 科学出版社, 2003.

[57] 于伟程. 基于核密度估计的金融市场谱风险度量[D]. 北京: 北京化工大学, 2010.

[58] Frahm G. Generalized elliptical distributions: theory and applications[D]. Köln: University of Cologne, 2004.

[59] Yang L J. Study on cumulative residual entropy and variance as risk measure[C]. Fifth International Conference on Business Intelligence and Financial Engineering, Lanzhou, 2012: 210-213.

[60] 谢中华. MATLAB 统计分析与应用: 40 个案例分析[M]. 北京: 北京航空航天大学出版社, 2010.

[61] Strelen J C, Nassaj F. Analysis and generation of random vectors with copulas[C]. Proceedings of the 2007 Winter Simulation Conference, 2007: 488-496.

[62] 李秀敏, 史道济. 沪深股市相关结构分析研究[J]. 数理统计与管理, 2006, 25(6): 729-736.

[63] 罗羡华, 杨益党. Copula 函数的参数估计[J]. 新疆师范大学学报(自然科学版), 2007, 26(2): 15-18.

[64] 王勃, 冯双磊, 刘纯. 考虑预报风速与功率曲线因素的风电功率预测不确定性估计[J]. 电网技术, 2014, 38(2): 463-468.

[65] 常康, 丁茂生, 薛峰, 等. 超短期风电功率预测及其在安全稳定预警系统中的应用[J]. 电力系统保护与控制, 2012, 40(12): 19-24, 30.

[66] 任磊. 风力发电对电力系统稳定控制的影响研究[D]. 武汉: 华中科技大学, 2011.

[67] 迟永宁, 刘燕华, 王伟胜, 等. 风电接入对电力系统的影响[J]. 电网技术, 2007, 31(3): 77-81.

[68] 王健, 严干贵, 宋薇, 等. 风电功率预测技术综述[J]. 东北电力大学学报, 2011, 31(3): 20-24.

[69] 王丽婕, 廖晓钟, 高阳, 等. 风电场发电功率的建模和预测研究综述[J]. 电力系统保护与控制, 2013, 3(23): 118-121.

[70] 谷兴凯, 范高锋, 王晓蓉, 等. 风电功率预测技术综述[J]. 电网技术, 2007, 31(2): 335-338.

[71] 郑婷婷, 王海霞, 李卫东. 风电预测技术及其性能评价综述[J]. 南方电网技术, 2013(2): 104-109.

[72] 叶林, 赵永宁. 基于空间相关性的风电功率预测研究综述[J]. 电力系统自动化, 2014, 38(14): 126-135.

[73] 杨建, 张利, 王明强, 等. 计及出力水平影响与自相关性的风电预测误差模拟方法[J]. 电力自动化设备, 2017, 37(9): 1-6.

[74] Khalid M, Savkin A V. A method for short-term wind power prediction with multiple observation points[J]. IEEE Transactionson Power Systems, 2012, 27(2): 579-586.

[75] Xie L, Gu Y Z, Zhu X X, et al. Short-term spatio-temporal wind power forecast in ro-bust look-ahead power system dispatch[J]. IEEE Transactions on Smart Grid, 2014, 5(1): 511-520.

[76] 钱政, 裴岩, 曹利宵, 等. 风电功率预测方法综述[J]. 高电压技术, 2016, 42(04): 1047-1060.

[77] 甘迪, 柯德平, 孙元章, 等. 考虑爬坡特性的短期风电功率概率预测[J]. 电力自动化设备, 2016, 36(04): 145-150.

[78] 薛禹胜, 雷兴, 薛峰, 等. 关于风电不确定性对电力系统影响的评述[J]. 中国电机工程学报, 2014, 34(29): 5029-5040.

[79] 杨锡运, 关文渊, 刘玉奇, 等. 基于粒子群优化的核极限学习机模型的风电功率区间预测方法[J]. 中国电机工程学报, 2015, 35(S1): 146-153.

[80] 李智, 韩学山, 杨明, 等. 基于分位点回归的风电功率波动区间分析[J]. 电力系统自动化, 2011, 35(3): 83-87.

[81] 林优, 杨明, 韩学山, 等. 基于条件分类与证据理论的短期风电功率非参数概率预测方法[J]. 电网技术, 2016, 40(4): 1113-1119.

[82] 周封, 金丽斯, 刘健, 等. 基于多状态空间混合 Markov 链的风电功率概率预测[J]. 电力系统自动化, 2012, 36(6): 29-33, 84.

[83] 黎静华, 孙海顺, 文劲宇, 等. 生成风电功率时间序列场景的双向优化技术[J]. 中国电机工程学报, 2014, 34(16): 2544-2551.

[84] 黎静华, 文劲宇, 程时杰, 等. 考虑多风电场出力 Copula 相关关系的场景生成方法[J]. 中国电机工程学报, 2013, 33(16): 30-37.

[85] 国家电网公司. 风电功率预测系统功能规范: NB/T31046-2013[S]. 北京: 中国电力出版社, 2014.

[86] 国家电网公司. 风电功率预测功能规范: Q/GDW588-2011[S]. 北京: 中国电力出版社, 2011.

[87] 吴晓刚, 孙荣富, 乔颖, 等. 基于风电场功率特性的风电预测误差分布估计[J]. 电网技术, 2017, 41(6): 1801-1807.

[88] 王铮, 王伟胜, 刘纯, 等. 基于风过程方法的风电功率预测结果不确定性估计[J]. 电网技术, 2013, 37(1): 242-247.

[89] Zhang Z, Sun Y, Gao D W, et al. A versatile probability distribution model for wind power forecast errors and its application in economic dispatch[J]. IEEE Transactions on Power Systems, 2013, 28(3): 3114-3125.

[90] EWEA. EWEA response on the ERGEG draft framework guidelines on capacity allocation and congestion management for electricity[R]. 2010.

[91] 林今, 孙元章, SØRENSEN P, 等. 基于频域的风电场功率波动仿真(一)模型及分析技术[J]. 电力系统自动化, 2011, 35(4): 65-69.

[92] Poul S, Nicolaos A C, Antonio V, et al. Modelling of power fluctuations from large offshore wind farms[J]. Wind energy, 2008, 11: 29-43.

[93] LI P, Banaker H, Keung P, et al. Macromodel of spatial smoothing in wind farms[J]. IEEE Transactions on Energy Conversion, 2007, 22(1): 119-128.

[94] 涂娇娇. 风电功率波动特性分析及其在电力系统中的应用[D]. 吉林: 东北电力大学, 2015.

[95] 杨茂, 齐玥. 基于相空间重构的风电功率波动特性分析及其对预测误差影响[J]. 中国电机工程学报, 2015, 35(24): 6304-6314.

[96] 黄银华, 张世钦, 刘峻, 等. 福建沿海风电出力随机性和波动性分析[J]. 能源与环境, 2015(4): 10-12.

[97] Masahiro A, Toshiya N, Tsutomu M, et al. A study on smoothing effect on output fluctuation of distributed wind power generation[C]. Trasmission and Distribution Conference and Exhibition, 2002: 938-943.

[98] 李剑楠, 乔颖, 鲁宗相, 等. 多时空尺度风电统计特性评价指标体系及其应用[J]. 中国电机工程学报, 2013, 33(13): 53-61.

[99] Kirby B, Hirst E. Generator response to intrahour load fluctions[J]. IEEE Trans on Power System, 1998, 13(4): 1373-1378.

[100] Hirst E, Kirby B. Defining intra- and interhour load swings[J]. IEEE Trans on Power System, 1998, 13(4): 1379-1385.

[101] Hirst E, Kirby B. Separating and measuring the regulation and load-following ancillary services[J]. Utilities Policy, 1999, 8(2): 75-81.

[102] 汪德星. 电力系统运行中 AGC 调节需求的分析[J]. 电力系统自动化, 2004, 28(8): 6-9.

[103] The MathWorks Inc, Statistic ToolboxTM 7 Users'Guide[M]. 2010.

[104] 刘次华, 万建平. 概率论与数理统计[M]. 武汉: 华中科技大学出版社, 2005.

[105] 王爱莲, 史晓燕. 统计学[M]. 西安: 西安交通大学出版社, 2010.

[106] Wan Y H. Wind power plant behaviors: Analyses of long-term wind power data[R]. U.S: U.S. department of energy office and renewable energy, 2004.

[107] 雷鸣, 李俊恩, 杜鹏程, 等. 基于改进 Markov 链模型的风电功率预测方法[J]. 山东电力技术, 2017(7): 10-14.

[108] 徐乾耀, 康重庆, 张宁, 等. 海上风电出力特性及其消纳问题探讨[J]. 电力系统自动化, 2011, 35(22): 54-59.

[109] 钟浩, 唐民富. 风电场发电可靠性及容量可信度评估[J]. 电力系统保护与控制, 2012, 40(18): 75-80.

[110] 孙景文. 风电功率概率特征建模及风险分析应用[D]. 山东大学, 2016.

[111] 王奇伟, 姜飞, 马瑞, 等. 基于状态转移的风电并网下线路潮流分析[J]. 电网技术, 2013, 37(7): 1880-1886.

[112] 周封, 金丽斯, 王丙全, 等. 基于高阶 Markov 链模型的风电功率预测性能分析[J]. 电力系统保护与控制, 2012, 40(06): 6-10, 16.

[113] Shamshad A, Bawadi M A, Wan Hussin W M A, et al. First and second order Markov chain models for synthetic generation of wind speed time series[J]. Energy, 2005, 30: 693-708.

[114] Edgeman R L. Assessing the inverse Gaussian distribution assumption. IEEE Transactions on Reliability[J], 1990, 39(3): 352-355.

[115] 张文秀, 韩肖清, 宋述勇, 等. 计及源-网-荷不确定性因素的马尔科夫链风电并网系统运行可靠性评估[J]. 电网技术, 2018, 42(3): 762-771.

[116] Birnbaum Z W, Saunders S C. A new family of life distributions[J]. Journal of Applied Probability, 1969, 6(2): 319-327.

[117] Steele C. Use of the lognormal distribution for the coeffi-cients of friction and wear. Reliability Engineering & System Safety, 1993(10): 1574-2013.

[118] Folks J L, Chhikara R S. The inverse Gaussian distri-bution and its statistical application-a review[J]. Journal of the Royal Statistical Society. Series B(Methodological), 1978, 40(03): 263-289.

[119] 魏绍凯, 谢明, 郑叔芳. 叶型曲线的自适应分段回归[J]. 中国电机工程学报, 1993, (4): 54-58.

[120] 唐志伟, 李国杰, 孙旭日, 等. 风电功率相关性分析[J]. 电工电能新技术, 2014, 33(05): 69-75.

[121] 张玥, 王秀丽, 曾平良, 等. 基于 Copula 理论考虑风电相关性的源网协调规划[J]. 电力系统自动化, 2017, 41(9): 102-108.

[122] 蔡菲, 严正, 赵静波, 等. 基于 Copula 理论的风电场间风速及输出功率相依结构建模[J]. 电力系统自动化, 2013(17): 15-22.

[123] 王小红, 周步祥, 张乐, 等. 基于时变Copula函数的风电出力相关性分析[J]. 电力系统及其自动化学报, 2015, 27(1): 43-48.

[124] 徐曼, 乔颖, 鲁宗相. 短期风电功率预测误差综合评价方法[J]. 电力系统自动化, 2011, 35(12): 20-26.

[125] Ding H J, Hu Z C, Song Y H. Stochastic optimization of the daily operation of wind farm and pumped-hydro-storage plant[J]. Renewable Energy, 2012(48): 571-578.

[126] Hodge B M, Lew D, Milligan M, et al. Wind power forecasting error distributions: an international comparison[C]. Proceedings of the 11th Annual International Workshop on Large-Scale Integration of Wind Power into Power Systems as well as on Transmission Networks for Offshore Wind Power Plants Conference. Lisbon, 2012.

[127] 刘立阳, 吴军基, 孟绍良. 短期风电功率预测误差分布研究[J]. 电力系统保护与控制, 2013, 41(12): 65-70.

[128] 叶瑞丽, 刘建楠, 苗峰显, 等. 风电场风电功率预测误差分析及置信区间估计研究[J]. 陕西电力, 2017, 45(2): 21-25.

[129] Bludszuweit H, Dominguez-Navarro J A, Llombart A. Statistical analysis of wind power forecast error[J]. IEEE Transactions on Power Systems, 2008, 23(3): 983-991.

[130] 王成福, 王昭卿, 孙宏斌, 等. 考虑预测误差时序分布特性的含风电机组组合模型[J]. 中国电机工程学报, 2016, 36 (15): 4081-4090.

[131] 丁华杰, 宋永华, 胡泽春, 等. 基于风电场功率特性的日前风电预测误差概率分布研究[J]. 中国电机工程学报, 2013, 33 (34): 136-144+22.

[132] 杨茂, 马剑, 李成凤, 等. 风电功率波动特性的混合 Logistic 分布模型[J]. 电网技术, 2017, 41 (5): 1376-1385.

[133] 崔杨, 穆钢, 刘玉, 等. 风电功率波动的时空分布特性[J]. 电网技术, 2011, 35 (2): 110-114.

下篇　风电功率场景模拟方法

随着大规模风电的并网，电力系统的运行特性呈现出强随机特性。含随机变量电力系统的优化运行研究已得到相当程度的开展，如文献[1]-[4]通过引入随机变量的机会约束或均值目标函数，构建了电力系统随机经济调度模型，对求解问题的方法进行探索，为处理含随机风电的电力系统优化运行提供了一种有效途径。在实际系统运行过程中，通过分析风电功率的随机特性，构建典型风电功率场景，针对场景制定应对风电功率随机变化的措施，是求解含风电电力系统优化运行问题的另一种途径，数学上将用场景建立的模型称为"Wait-and-See(静观)"模型[5]，简称 WS 模型。建立 WS 模型的关键在于获取与随机变量概率分布近似的离散概率分布，即产生场景。

WS 模型精度在很大程度上取决于场景与原问题的逼近程度。因此，在合理的计算时间内建立尽可能逼近随机变量概率分布函数的场景是研究的关键。本书首先对场景进行定义，然后从单风电场、多风电场、单时段、多时段等不同需求，介绍具体的场景生成方法。

第8章 风电功率场景模拟的定义与分类

8.1 引　言

用少量的风电功率场景来准确刻画风电随机特性，对含风电电力系统的规划和运行具有重要意义。本章首先对风电功率场景进行了定义，给出了单个风电场单时段的场景、多个风电场单时段的场景、单个风电场多时段的场景和多个风电场多时段的场景示意图。然后，介绍风电功率场景模拟生成的基本过程。接着，列举了衡量风电功率场景模拟精度的常用指标：统计特性指标、相关特性指标和距离指标等。最后，给出了目前几类常见的风电功率场景模拟生成方法。

8.2　风电功率场景定义

所谓"场景"，就是将概率分布函数离散化后得到的结果。通过对随机变量的概率分布函数进行抽样得到样本集合的过程，称为场景生成。更具体地，用离散的概率分布($(\zeta_i, \tilde{P}_i)$，$i=1,2,\cdots,S$，其中 ζ_i 称为场景，$\tilde{P}_i$ 为该场景下的概率)表征随机变量的不确定性，称为场景的生成。

针对某一随机变量往往包含大量的场景，为了降低计算复杂度，通常需要将大量风电功率场景集合削减到仅含有少量最有可能发生的风电场景的集合，该过程即为"风电功率场景削减"。场景的削减可以大大减少电力系统优化规划和运行问题的计算量，提高计算效率。

场景模型与原模型的区别在于采用离散概率分布 $\tilde{P}$ 取代原概率分布 P。图 8-1 为采用均匀分布将原概率分布 P 进行离散化的单风电场单时段场景示意图，图中，矩形条代表生成的 5 种场景，矩形条的高度代表场景对应的概率，曲线代表原概率密度分布，从图 8-1 可以看出，原概率分布 P 被划分为 5 个场景，即 $\tilde{P} = \{(-2,0.2),(-1,0.2),(0,0.2),(1,0.2),(2,0.2)\}$。

对于某一区域的多个风电场而言，在某一特定的时刻将产生如图 8-2 所示的多风电场单时段场景。图 8-2 包含 6 个风电场 WF1～WF6，离散的点表示每个风电场的场景，多个风电场的场景则由每个风电离散的点组合而成。

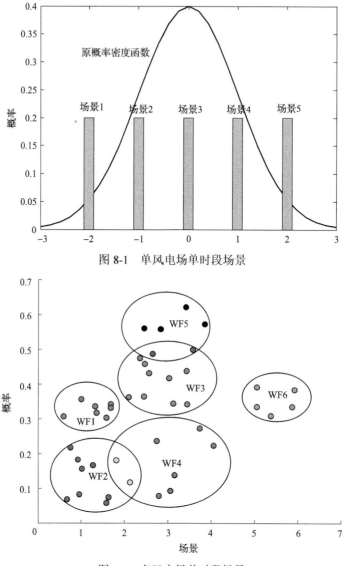

图 8-1   单风电场单时段场景

图 8-2   多风电场单时段场景

图 8-3 为单风电场多时段场景的示意图，由于风电具有随机性，所以下一时刻的风电功率会出现多种可能性。图中每一个时刻给出了 3 种可能的场景，连续 5 个时刻则会有 243(3^5) 种可能的场景。

图 8-4 为多风电场多时段场景示意图，图中包括 4 个风电场和负荷，视为不确定性因素，风电场和负荷的不确定性表现在风电和负荷的上限和下限之间的 S 种场景。

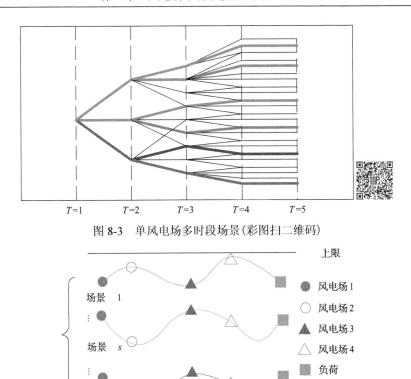

图 8-3 单风电场多时段场景（彩图扫二维码）

图 8-4 多风电场多时段场景

8.3 风电功率场景模拟概述

8.3.1 风电功率场景模拟问题

风电功率场景模拟的基本过程如图 8-5 所示，其主要包括以下步骤[6]。

图 8-5 风电功率场景模拟的基本过程

步骤 1：通过概率统计方法获得随机变量的概率分布，常用的统计方法如 MC 模拟法、ARIMA 模型，如文献[7]、[8]分别采用马尔可夫链蒙特卡罗（MCMC）理论和带限幅环节的 ARIMA 模型对风电功率序列进行建模。

步骤 2：采用近似的方法，在尽可能减小信息损失的前提下，将随机变量的原概率分布函数离散化。

8.3.2　风电功率场景模拟的近似方法

场景模拟的近似问题一般可以概括为[6]：

假设在 $\mathbb{R}^M$ 上的概率测度 P 已知，求基于点集 S 的一概率测度 $\widetilde{P}$，使距离 $d(P,\widetilde{P})$ 最小。

最优离散化问题就是寻找使离散误差 $q_{S,d}(P)=\inf\{d(P,Q):|Q\in P_S\}$ 最小的最优离散化集合 $Q_{S,d}(P)=\arg\min\{d(P,Q):Q\in P_S\}$。因此，离散化问题主要分为两步进行：①寻找最优离散点 z_s；②求解概率 p_s，使距离 $d_r\left(P,\sum_{s=1}^{S}p_s\delta_{z_s}\right)$ 最小。

相关文献[9]指出，近似问题的质量很大程度取决于距离指标 d_r 的选取。下面介绍几种场景的距离指标，包括统计指标、相关性指标和空间距离指标。

8.4　衡量风电功率场景模拟精度的距离指标

对于风电功率场景模拟，常采用统计特性指标、相关性指标和距离指标等来衡量场景模拟的精度。

统计特性指标主要为四阶矩，包括期望、方差、偏度和峰度；相关性指标包括相关性和时空相关，相关性指的是线性相关、非线性相关，时空相关即时间上和空间上的相关性，时间相关性为相邻时段之间的相关性，空间相关性为空间分布不同的风电场之间的相关性；距离指标主要有欧式距离和各范数距离。以下为各种指标的定义及其数学表达式。

8.4.1　统计特性指标

由概率论知识可知，概率分布具有无限阶矩，反过来说，一组无限阶矩可以唯一确定一个概率分布。因此，计算得到的概率分布与实际概率分布各阶矩的差值，即可衡量模拟概率分布与实际概率分布的相似程度。本书主要采用常用的四阶矩，具体的计算方法见第 1 章。

图 8-6 为 3 条不同曲线的峰度示意图，曲线 1 的峰度系数为 3，呈正态分布；曲线 2 的峰值较曲线 1 高，峰度系数大于 3，具有过度的峰度；曲线 3 的峰度较曲线 1 低，峰度系数小于 3，具有不足的峰度。因此，可以通过峰度系数的大小来判断曲线正态性。

8.4.2　相关性指标

本节涉及的相关特性指标见第 3 章。

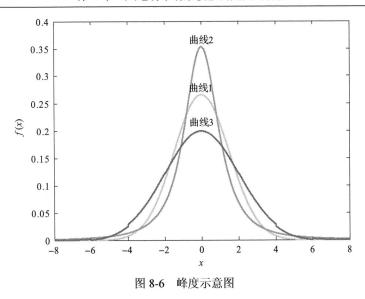

图 8-6　峰度示意图

8.4.3　空间距离指标

1. 欧式距离

欧式距离(Euclidean metric)(也称欧几里得度量)是一个常用的距离指标的定义，指的是在 m 维空间中两个点之间的真实距离，或者向量的自然长度(即该点到原点的距离)。在二维和三维空间中的欧氏距离就是两点之间的实际距离。

1)二维空间的公式

$$d = \sqrt{(x_1 - x_2)^2 + (y_1 - y_2)^2} \tag{8-1}$$

式中，点 (x_1, y_1) 和点 (x_2, y_2) 分别为二维平面上的两点。

2)三维空间的公式

$$d = \sqrt{(x_1 - x_2)^2 + (y_1 - y_2)^2 + (z_1 - z_2)^2} \tag{8-2}$$

式中，点 (x_1, y_1, z_1) 和点 (x_2, y_2, z_2) 分别为三维空间上的两点。

3)n 维空间的公式

$$d = \sqrt{\sum_{i=1}^{n} (x_{1i} - x_{2i})^2} \tag{8-3}$$

式中，点 $(x_{11}, x_{12}, \cdots, x_{1n})$ 和点 $(x_{21}, x_{22}, \cdots, x_{2n})$ 分别为 n 维平面上的两点。

2. 各范数距离

1）1-范数

$$\|X\|^1 = |x_1| + |x_2| + \cdots + |x_n| \tag{8-4}$$

2）2-范数

$$\|X\|^2 = \left(|x_1|^2 + |x_2|^2 + \cdots + |x_n|^2\right)^{1/2} \tag{8-5}$$

3）∞-范数

$$\|X\|^\infty = \max\left(|x_1|, |x_2|, \cdots, |x_n|\right) \tag{8-6}$$

由式(8-1)～式(8-6)可知，1-范数表示各个元素的绝对值之和，2-范数表示模长，∞-范数是求向量的最大值。

第9章 基于Cholesky分解和超立方变换的矩匹配场景生成方法

9.1 引　言

本章主要介绍一种风电功率场景生成方法——矩匹配(MM)法。首先，介绍了矩匹配法的基本思想；然后，从矩匹配法的基本步骤、立方变换和场景数量的选取等3方面阐述了基于矩匹配法的风电功率场景生成过程；接着，以德国3个风电场2012年每隔15min记录1次的风电功率数据对风电功率场景生成的方法进行了验证。最后，将基于矩匹配法生成的场景应用于电网规划中，验证电网规划方案的经济性和鲁棒性。

9.2　矩匹配法的基本思想

与其他场景生成方法相比，矩匹配方法对原始数据的分布没有要求，不需要事先求得变量的边缘分布函数，可以比较方便生成多个风电场的场景。它的主要思想是生成与原始数据的指定矩(通常为前4阶矩：期望、标准差、偏度和峰度)和相关矩阵相吻合的场景。矩匹配方法比较简单，容易实现，能得到反映多元随机变量统计特性的少数场景。

矩匹配方法是场景生成的一种常用方法，通常，选取矩的阶数越高，计算越精确，但同时计算量也越大。研究表明，选取前4阶矩得到的计算精度已经能够满足要求，且计算量相对较少。因此，本章节采用前4阶矩，即期望、标准差、偏度、峰度和相关矩阵[42]作为匹配项。以3个变量为例，矩匹配法基本思想如图9-1所示。

图9-1中，$M_{1,k}$、$M_{2,k}$和$M_{3,k}$分别表示3个风电场原始风电功率序列的k阶矩，$k=1, 2, 3, 4$；R_{12}、R_{23}和R_{13}表示3个风电场之间的相关系数，采用矩匹配方法的目的是生成代表3个风电场功率随机特性的少量场景，这些场景既能满足$M_{1,k}$、$M_{2,k}$和$M_{3,k}$又能满足风电场之间的相关系数R_{12}、R_{23}和R_{13}。

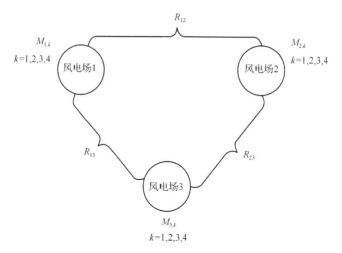

图 9-1　矩匹配思想示意图

9.3　基于矩匹配法的风电功率场景生成

9.3.1　矩匹配法的基本步骤

假设原始风电功率场景集合为 $\tilde{\boldsymbol{u}} = \{\tilde{u}_{z,s}\}_{z=1,\cdots,N_W;s=1,\cdots,N_S}$，生成的风电功率代表场景集合为 $\boldsymbol{u} = \{u_{z,s}\}_{z=1,\cdots,N_W;s=1,\cdots,N_H}$，其中，$N_W$ 为风电场的数量，N_S 为原始场景的数量，N_H 为生成场景的数量，N_H 可依据实际情况选取。

矩匹配法生成代表风电功率场景 $\boldsymbol{u} = \{u_{z,s}\}_{z=1,\cdots,N_W;s=1,\cdots,N_H}$ 的基本思路如图 9-2 所示[11]。

具体步骤如下。

步骤 1：计算原始风电功率场景集合 $\tilde{\boldsymbol{u}} = \{\tilde{u}_{z,s}\}_{z=1,\cdots,N_W;s=1,\cdots,N_S}$ 的前 4 阶矩的矩阵和相关系数矩阵[14]，分别称为目标矩和目标相关矩，并记为 $\tilde{\boldsymbol{M}} = \{\tilde{M}_{z,k}\}_{z=1,\cdots,N_W;k=1,2,3,4}$ 和 $\boldsymbol{R}_{N_W \times N_W}$。

步骤 2：对目标矩 $\tilde{\boldsymbol{M}}$ 进行标准化，得到标准化矩 $\bar{\boldsymbol{M}} = \{\bar{M}_{z,k}\}_{z=1,\cdots,N_W;k=1,2,3,4}$。标准化矩的计算公式为

$$\begin{cases} \bar{M}_{z,1} = 0 \\ \bar{M}_{z,2} = 1 \\ \bar{M}_{z,3} = \dfrac{\tilde{M}_{z,3}}{\alpha_z^3}, \alpha_z = \sqrt{\tilde{M}_{z,2}} \ ; z = 1,\cdots,N_W \\ \bar{M}_{z,4} = \dfrac{\tilde{M}_{z,4}}{\alpha_z^4} \end{cases} \tag{9-1}$$

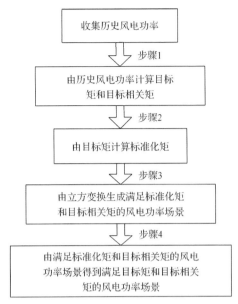

图 9-2　基于矩匹配法生成风电功率场景的步骤

步骤 3：生成满足标准化矩 $\overline{M}$ 和目标相关矩 R、数量为 N_H 的风电功率场景集合，记为 $\overline{u} = \{\overline{u}_{z,s}\}_{z=1,\cdots,N_W; s=1,\cdots,N_H}$，具体的实现方法如下。

(1)随机产生服从任意分布的风电场景集合 $\overline{u}' = \{\overline{u}'_{z,s}\}_{z=1,\cdots,N_W; s=1,\cdots,N_H}$。

(2)对目标相关矩 R 进行 Cholesky 分解：$R = LL^{\mathrm{T}}$，得到下三角矩阵 L，并计算 $\overline{u}'' = L\overline{u}'$。

(3)计算 $\overline{u}''$ 的相关系数矩阵 R''，并对 R'' 进行 Cholesky 分解：$R'' = L''(L'')^{\mathrm{T}}$；

(4)计算新的场景集合 $(\overline{u}'')^* - L(L'')^{-1}\overline{u}''$。

(5)采用立方变换将场景集合 $(\overline{u}'')^*$ 转换为场景集合 $\overline{u}$，并计算 $\overline{u}$ 的相关矩阵，立方变换将在第 9.3.2 节中进行介绍。

(6)判断 $|R - \overline{R}| \leqslant \varepsilon$ 是否满足？若满足，则转步骤 4；否则，令 $\overline{u}'' = \overline{u}$ 转步骤 3 的(3)。

步骤 4：将步骤 3 所得的 $\overline{u} = \{\overline{u}_{z,s}\}_{z=1,\cdots,N_W; s=1,\cdots,N_H}$ 代入式(9-2)，即可得到满足目标矩 $\tilde{M}$ 和目标相关矩 R 的风电功率代表场景集合 $u = \{u_{z,s}\}_{z=1,\cdots,N_W; s=1,\cdots,N_H}$。

$$u = \alpha\overline{u} + \beta \tag{9-2}$$

式中，α 按步骤 2 的式(9-1)计算，β 等于公式(9-2)中的 $\tilde{M}_{z,3}$。

9.3.2　立方变换

参照文献[16]，立方变换的基本过程如下。

(1)计算场景集合 $(\bar{\boldsymbol{u}}'')^* = \{(\bar{u}''_{z,s})^*\}_{z=1,\cdots,N_W;s=1,\cdots,N_H}$ 的前 12 阶矩矩阵，记为 $\bar{\boldsymbol{M}}'' = \{\bar{M}''_{z,q}\}_{z=1,\cdots,N_W;q=1,2,\cdots,12}$。

(2)将 $\bar{\boldsymbol{M}}$ 和 $\bar{\boldsymbol{M}}''$ 的元素分别代入式(9-3)～式(9-6)，得到含 a、b、c、d 4 个未知参数的方程组。

$$\bar{M}_{z,1} = a + b\bar{M}''_{z,1} + c\bar{M}''_{z,2} + d\bar{M}''_{z,3} \tag{9-3}$$

$$\begin{aligned}\bar{M}_{z,2} &= d^2\bar{M}''_{z,6} + 2cd\bar{M}''_{z,5} + (2bd+c^2)\bar{M}''_{z,4} + (2ad+2bc)\bar{M}''_{z,3} + (2ac+b^2)\bar{M}''_{z,2} \\ &\quad + 2ab\bar{M}''_{z,1} + a^2\end{aligned} \tag{9-4}$$

$$\begin{aligned}\bar{M}_{z,3} &= d^3\bar{M}''_{z,9} + 3cd^2\bar{M}''_{z,8} + (3bd^2+3c^2d)\bar{M}''_{z,7} + (3ad^2+6bcd+c^3)\bar{M}''_{z,6} + (6acd \\ &\quad + 3b^2d + 3bc^2)\bar{M}''_{z,5} + (a(6bd+3c^2)+3b^2c))\bar{M}''_{z,4} + (3a^2d+6abc+b^3)\bar{M}''_{z,3} \\ &\quad + (3a^2c+3ab^2)\bar{M}''_{z,2} + 3a^2b\bar{M}''_{z,1} + a^3\end{aligned} \tag{9-5}$$

$$\begin{aligned}\bar{M}_{z,4} &= d^4\bar{M}''_{z,12} + 4cd^3\bar{M}''_{z,11} + (4bd^3+6c^2d^2)\bar{M}''_{z,10} + (4ad^3+12bcd^2+4c^3d)\bar{M}''_{z,9} \\ &\quad + (12acd^2+6b^2d^2+12bc^2d+c^4)\bar{M}''_{z,8} + [a(12bd^2+12c^2d)+12b^2cd \\ &\quad + 4bc^3)]\bar{M}''_{z,7} + [6a^2d^2 + a(24bcd+4c^3)+4b^3d+6b^2c^2]\bar{M}''_{z,6} + [12a^2cd \\ &\quad + a(12b^2d+12bc^2)+4b^3c]\bar{M}''_{z,5} + [a^2(12bd+6c^2)+12ab^2c+b^4]\bar{M}''_{z,4} \\ &\quad + (4a^3d+12ab^2c+4ab^3)\bar{M}''_{z,3} + (4a^3c+6a^2b^2)\bar{M}''_{z,2} + 4a^3b\bar{M}''_{z,1} + a^4\end{aligned} \tag{9-6}$$

(3)求解由(2)得到的方程组，得到 a、b、c、d 4 个参数。

(4)将 a、b、c、d 及 $(\bar{\boldsymbol{u}}'')^*$ 代入式(9-7)，即可得到满足标准化矩的矩阵 $\bar{\boldsymbol{M}}$ 的风电功率场景集合 $\bar{\boldsymbol{u}}$。

$$\bar{u}_{z,s} = a + b(\bar{u}''_{z,s})^* + c[(\bar{u}''_{z,s})^*]^2 + d[(\bar{u}''_{z,s})^*]^3 \tag{9-7}$$

9.4　矩匹配方法生成风电功率场景的验证

风电功率原始样本来源于表 1-1 中编号为 15～17 的 3 个风电场 2012 年每隔 15min 记录 1 次的风电功率数据[17]，共 35136 个原始风电功率场景。其中，风电场 1 为编号 15 的风电场，风电场 2 为编号 16 的风电场，风电场 3 为编号 17 的风电场，风电场的额定功率分别为 12200.0MW、5314.4MW 和 1071.9MW。

根据 9.3 小节步骤，生成场景数分别为 30 和 80 的风电功率场景，分别计算该两种场景数目下风电功率的统计特性，并与原始风电功率场景的统计特性进行比较，来说明矩匹配方法的有效性。

1. 场景数为 30 的风电功率场景特性

生成的风电功率代表场景记为 $\boldsymbol{u} = \{u_{z,s}\}_{z=1,\cdots,3;s=1,\cdots,30}$，场景压缩比例为 35136/30=1171.2。

表 9-1 和式(9-8)矩阵分别给出了 3 个风电场生成的与原始的风电功率场景的前四阶矩和相关矩阵。其中，M_{tar}、M_{MM} 分别表示原始场景的各阶矩(称为目标矩)和由矩匹配生成的场景的各阶矩；R_{tar}、R_{MM} 分别表示原始场景的相关矩(称为目标相关矩阵)和由矩匹配生成场景的相关矩阵。

$$
\begin{matrix} R_{\text{tar}} & & & R_{\text{MM}} \end{matrix}
$$

$$
\begin{bmatrix} 1.000 & 0.656 & 0.326 & 1.000 & 0.660 & 0.320 \\ 0.656 & 1.000 & 0.131 & 0.660 & 1.000 & 0.126 \\ 0.326 & 0.131 & 1.000 & 0.320 & 0.126 & 1.000 \end{bmatrix} \tag{9-8}
$$

表 9-1　生成的场景数为 30 的前 4 阶矩与目标矩的比较

矩	风电场 1		风电场 2		风电场 3	
	M_{tar}	M_{MM}	M_{tar}	M_{MM}	M_{tar}	M_{MM}
期望	2299.93	2533.44	822.73	831.59	271.65	295.11
标准差	4158321	4302404	514987	532745	48084	49731
偏度	1.45	1.45	1.69	1.69	1.24	1.25
峰度	4.83	4.83	6.07	6.04	3.89	3.91

表 9-2 为生成的风电功率场景的前 4 阶矩与目标矩的误差，其计算公式为式(9-9)所示。

$$
\varepsilon_{z,k} = \left| \frac{\tilde{M}'_{z,k} - \tilde{M}_{z,k}}{\tilde{M}_{z,k}} \right| \tag{9-9}
$$

式中，$\tilde{M}_{z,k}$ 为第 z 个原始风电功率场景的前 k 阶目标矩；$\tilde{M}'_{z,k}$ 为生成的第 z 个风电功率场景的前 k 阶矩，k=1, 2, 3, 4。

表 9-2　前 4 阶矩的误差比较(p.u.)

矩	$\varepsilon_{1,k}$	$\varepsilon_{2,k}$	$\varepsilon_{3,k}$
期望	0.102	0.011	0.086
标准差	0.035	0.034	0.034
偏度	0.000	0.000	0.004
峰度	0.000	0.000	0.005

根据式(9-10)计算生成的风电功率序列的相关矩阵与目标矩阵的误差，结果为 0.0061。式中，norm 为 2 范数。

$$\varepsilon_y = \mathrm{norm}(R, R)\sqrt{\frac{2}{N_W(N_W-1)}} \tag{9-10}$$

从表 9-1、表 9-2 和相关矩阵误差结果可看出，由矩匹配生成的风电功率场景的各阶矩和相关矩阵与原始风电功率场景的各阶矩和相关矩阵误差很小，偏度和峰度误差甚至低至 0。可见，由矩匹配方法生成的风电功率场景在各阶矩和相关矩阵特性上满足了要求。

2. 场景数为 80 的风电功率场景特性

生成的风电功率序列记为 $\boldsymbol{u} = \{u_{z,s}\}_{z=1,\cdots,3;s=1,\cdots,80}$，场景压缩比例为 35136/80=439.2。表 9-3 和式(9-11)矩阵给出了 3 个风电场生成的与原始的风电功率场景的各阶矩和相关矩阵。

$$
\begin{array}{cc}
\boldsymbol{R}_{\mathrm{tar}} & \boldsymbol{R}_{\mathrm{MM}} \\
\left[\begin{array}{ccc|ccc}
1.000 & 0.656 & 0.326 & 1.000 & 0.657 & 0.325 \\
0.656 & 1.000 & 0.131 & 0.657 & 1.000 & 0.131 \\
0.326 & 0.131 & 1.000 & 0.325 & 0.131 & 1.000
\end{array}\right]
\end{array} \tag{9-11}
$$

表 9-3　生成的场景数为 80 的前 4 阶矩与目标矩的比较

矩	风电场 1		风电场 2		风电场 3	
	M_{tar}	M_{MM}	M_{tar}	M_{MM}	M_{tar}	M_{MM}
期望	2299.93	2316	822.73	895	271.65	277
标准差	4158321	4200730	514987	528060	48084	48672
偏度	1.45	1.45	1.69	1.69	1.24	1.24
峰度	4.83	4.83	6.07	6.07	3.89	3.89

按照式(9-9)标前 4 阶矩的误差，结果如表 9-4 所示。

表 9-4　前 4 阶矩的误差比较(p.u.)

矩	$\varepsilon_{1,k}$	$\varepsilon_{2,k}$	$\varepsilon_{2,k}$
期望	0.016	0.043	0.022
标准差	0.013	0.015	0.013
偏度	0.000	0.001	0.001
峰度	0.000	0.001	0.001

根据公式(9-10)，计算生成的风电功率的相关矩阵与目标相关矩阵的误差为 0.00089。

由表 9-1～表 9-4 和相关矩阵误差可看出，由矩匹配生成的风电功率场景在前 4 阶矩和相关矩阵特性上满足了要求。

9.5　基于矩匹配法的风电场景生成应用

9.5.1　基于场景的鲁棒输电网规划优化模型

采用场景法处理风电功率的随机特性，可建立相应的基于场景法的电网规划模型，如式(9-12)～式(9-19)所示。模型(9-12)～模型(9-19)以系统架设成本为目标函数，对系统的切负荷量和弃风量进行惩罚，在尽可能使电网不发生切负荷和弃风的情况下，寻找满足所有极限场景下的最优方案，使系统能够保持安全稳定运行。

$$\min \sum_{(i-j)\in\Omega_L} c_{ij}n_{ij} + \alpha \sum_{h\in\Omega_H} \sum_{i\in\Omega_B} (r_{i,h} + w_{i,h}) \tag{9-12}$$

$$\text{s.t} \quad \sum_{l=1}^{N_L} S_{il} \times P_{ij,h} + g_{i,h} + u_{i,h} + r_{i,h} = d_i + w_{i,h}, \quad i\in\Omega_B, \quad h\in\Omega_H \tag{9-13}$$

$$p_{ij,h} - \chi_{ij}(n_{ij}^0 + n_{ij})(\theta_{i,h} - \theta_{j,h}) = 0, \quad (i-j)\in\Omega_L \tag{9-14}$$

$$\left| p_{ij,h} \right| \leqslant (n_{ij}^0 + n_{ij})\bar{\phi}_{ij}, \quad (i-j)\in\Omega_L \tag{9-15}$$

$$\underline{g_i} \leqslant g_{i,h} \leqslant \bar{g}_i, \quad i\in\Omega_B, \quad h\in\Omega_H \tag{9-16}$$

$$0 \leqslant r_{i,h} \leqslant d_i, \quad i\in\Omega_B, \quad h\in\Omega_H \tag{9-17}$$

$$0 \leqslant w_{i,h} \leqslant u_{i,h}, \quad i \in \Omega_B, h \in \Omega_H \tag{9-18}$$

$$0 \leqslant n_{ij} \leqslant \overline{n}_{ij}, \quad (i-j) \in \Omega_L \tag{9-19}$$

式(9-12)~式(9-19)中，n_{ij} 为整数；h 为场景的编号，$h \in \Omega_H$；N_L 为系统备选支路的数量；n_{ij} 为整数 i，j 为节点编号，$i \in \Omega_B$，$j \in \Omega_B$；i-j 为连接节点 i 和节点 j 的支路；c_{ij} 为支路 ij 之间新建单回线路的费用，美元；n_{ij}^0、n_{ij}、$\overline{n}_{ij}$ 为支路 i-j 之间原有线路、新建线路、允许增加线路最大回数的数量；α 为切负荷量与弃风量的惩罚因子，美元/MW；S_{il} 为节点与支路关联矩阵的元素，l=1, 2, $\cdots$, N_L；$p_{ij,h}$ 为第 h 个场景中，i-j 之间的有功潮流，MW；$\overline{\phi}_{ij}$ 为支路 i-j 之间单回线路的有功潮流上限，MW；$g_{i,h}$ 为第 h 个场景中，接入节点 i 的火电机组有功出力，MW；$\overline{g}_i$、$\underline{g}_i$ 为接入节点 i 的火电机组最大、最小有功出力，MW；$r_{i,h}$ 为第 h 个场景中，节点 i 的切负荷量，MW；d_i 为节点 i 的负荷，MW；$u_{i,h}$ 为第 h 个场景中，节点 i 的风电功率，MW；$w_{i,h}$ 为第 h 个场景中，节点 i 的弃风量，MW；χ_{ij} 为支路 i-j 之间的电纳；$\theta_{i,h}$ 为第 h 个场景中，节点 i 的电压相角，rad；Ω_B、Ω_H、Ω_L 分别为系统节点的集合、场景的集合和备选支路的集合。

式(9-12)~式(9-19)组成了基于场景的鲁棒电网优化规划模型，最终方案由 n_{ij} 可得到，所建立模型具有如下优点。

(1)从式(9-14)、式(9-15)可以看出，所得的线路架设方案 n_{ij} 能满足风电所有场景 $h \in \Omega_H$ 下的有功传输限制，因此方案 n_{ij} 是鲁棒的。

(2)从目标函数看，所得模型是在弃风量和切负荷量最小的前提下满足所有风电场景的要求。

(3)模型中不含有"max-min"、机会约束、均值函数等不易于求解的函数。

从所建模型可看出，代表风电功率随机特性场景的生成至关重要。一方面，场景的统计特征与随机变量风电功率的统计特征的近似程度，决定了所得规划方案的鲁棒性；另一方面，场景的数量，决定了模型的计算速度。

9.5.2 修正的 Garver6 节点系统

1. 系统介绍

修正的 Garver6 节点系统有 6 个节点、15 条备选支路。网架拓扑如图 9-3 所示。支路参数和节点参数分别如表 9-5 和表 9-6 所示。节点 1、3、6 分别接入火电机组 G1、G2 和 G3；节点 2、3、4 分别接入风电机组 W1、W2 和 W3。

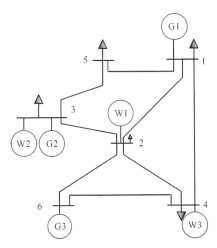

图 9-3　修正的 Garver6 节点系统的拓扑结构

表 9-5　修正的 Garver 6 系统支路参数

序号	i	j	电抗/p.u.	n_0	p_{max}/MW	成本/美元	n_{max}
1	1	2	0.4	1	100	40	3
2	1	3	0.38	0	100	38	3
3	1	4	0.6	1	80	60	3
4	1	5	0.2	1	100	20	3
5	1	6	0.68	0	70	69	3
6	2	3	0.2	1	100	20	3
7	2	4	0.4	1	100	40	3
8	2	5	0.31	0	100	31	3
9	2	6	0.3	1	100	30	3
10	3	4	0.59	0	82	59	3
11	3	5	0.2	1	100	20	3
12	3	6	0.48	0	100	48	3
13	4	5	0.63	0	75	63	3
14	4	6	0.3	1	100	30	3
15	5	6	0.61	0	78	61	3

表 9-6　修正的 Garver 6 系统节点参数

节点	火电额定出力/MW	有功负荷/MW	风电额定功率/MW
1	250	80	0
2	0	240	60
3	200	20	60
4	0	160	60
5	0	240	0
6	330	0	0

为了与 Garver6 节点系统的负荷匹配,将 9.4 节中 3 个风电场的风电功率额定值折算为 60MW,折算公式如式(9-20)所示。

$$u_{z,s} = 60u'_{z,s} / u_z^n, \quad z = 1, \cdots, N_W; s = 1, 2, \cdots, N_S \tag{9-20}$$

式中,$u'_{z,s}$ 为原始数据,表示第 z 个风电场的第 s 个风电功率场景;u_z^n 为第 z 个风电场的额定功率;N_W 为风电场总数;N_S 为风电功率场景总数。

2. 电网规划方案

根据 9.3.3 小节所介绍方法,生成风电功率场景数为 30。

1)电网规划方案的经济性分析

为避免重载线路因规划问题而造成运行后无法缓解的局面,采取线路有功潮流不超过线路最大有功潮流 0.8 的措施,以防止形成的方案中线路负载过高。采用 GAMS 软件分别对 9.5.1 节(1)和(2)的模型进行求解,得到架设方案分别如图 9-4 和表 9-7 所示。图 9-4 中虚线表示新增线路。

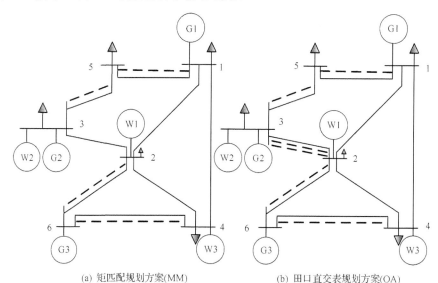

(a) 矩匹配规划方案(MM)　　　　　　　　(b) 田口直交表规划方案(OA)

图 9-4　两种架设方案

表 9-7　修正的 Garver6 节点的规划方案

方案	矩匹配规划方案	田口直交表规划方案
架设方案	$n_{1\text{-}5}=1$, $n_{2\text{-}6}=1$, $n_{3\text{-}5}=1$, $n_{4\text{-}6}=1$	$n_{1\text{-}5}=1$, $n_{2\text{-}3}=2$, $n_{2\text{-}6}=1$, $n_{3\text{-}5}=1$, $n_{4\text{-}6}=1$
成本/美元	100000	140000
ξ	100	100

注:$n_{i\text{-}j}$ 表示在支路 i-j 之间增加的线路回数,$(i-j) \in \Omega_L$,余同。

由表 9-7 可看出，在系统同样不发生切负荷与弃风现象的情况下，采用矩匹配生成场景下得到的规划方案成本为 100000 美元，而采用文献[18]中所介绍的田口直交表生成极限场景下得到的规划方案成本为 140000 美元，较矩匹配得到的规划方案而言，在支路 2-3 之间多增加了 2 回线路。

表 9-8 和表 9-9 分别列出了两种方法所得规划方案下新增支路各个场景的有功功率。表 9-8 中，只有在场景 2 时，支路 2-3 的有功潮流(81.61MW)稍大于最大有功潮流 80MW，而所得的最终规划方案却在该支路增加了 2 回线路。这说明，由田口直交表所得的场景较为极端，当满足这些极端场景时，尽管系统能够适应风电的所有场景，但系统线路架设方案比较冗余，由此带来了较大的经济成本。而由表 9-9 可看出，由矩匹配得到的规划方案在各个场景下，支路 2-3 的有功潮流均小于最大有功潮流的 0.8，支路 2-3 不需要增加线路。因此，验证了由矩匹配得到的规划方案更为经济。

表 9-8　基于 OA 的新增支路的功率　　　　（单位：MW）

场景	p_{1-5}	p_{2-3}	p_{2-6}	p_{3-5}	p_{4-6}
1	124.78	−64.78	−160	115.22	−154.59
2	97.92	−81.61	−145.04	142.08	−116.27
3	104.59	−33.11	−140.15	135.41	−116.34
4	99.2	−39.2	−148.02	140.8	−156.98

表 9-9　基于 MM 的新增支路的功率　　　　（单位：MW）

场景	p_{1-5}	p_{2-3}	p_{2-6}	p_{3-5}	p_{4-6}
1	114.28	−71.39	−115.75	125.72	−119.71
2	116.63	−67.81	−136.2	123.37	−134.91
3	120	−33.87	−160	120	−130.08
4	115.5	−69.37	−131.58	124.5	−133.33
5	106.74	−70.03	−137.2	133.26	−134.53
6	118.89	−63.92	−139.01	121.11	−134.07
7	103.04	−44.95	−160	136.96	−142.85
8	118.99	−63.78	−139.14	121.01	−133.93
9	119.42	−64.28	−134.12	120.58	−124.11
10	118.28	−64.37	−140.39	121.72	−138.41
11	107.72	−50.49	−160	132.28	−150.08
12	100.87	−52.57	−160	139.13	−150.77
13	122.98	−42.28	−160	117.02	−133.5
14	116.5	−66.28	−117.4	123.5	−122.13

场景	p_{1-5}	p_{2-3}	p_{2-6}	p_{3-5}	p_{4-6}
15	117.26	−64.98	−127.41	122.74	−130.92
16	108.82	−32.53	−160	131.18	−124.26
17	128.44	−45.23	−160	111.56	−147.32
18	128.82	−44.76	−160	111.18	−146.11
19	119.32	−62.64	−140.83	120.68	−137.06
20	118.12	−64.01	−133.22	121.88	−133.68
21	127.03	−43.82	−127.24	112.97	−129.63
22	93.87	−45.1	−160	146.13	−135.53
23	128.27	−45.44	−160	111.73	−147.91
24	115.68	−69.58	−119.14	124.32	−118.87
25	119.85	−61.54	−142.67	120.15	−138.66
26	134.67	−37.12	−160	105.33	−128.71
27	134.07	−33.9	−160	105.93	−143.79
28	106.83	−51.2	−160	133.17	−142.34
29	105.88	−46.23	−160	134.12	−136.91
30	101.6	−54.29	−136.23	138.4	−135.41

2) 鲁棒性

根据 MC 方法抽取 K 组风电功率场景，取 K=10000，将这 K 组风电功率场景代入某个已知架设方案的模型方程式(9-12)～式(9-19)中，统计该方案下系统发生切负荷和弃风现象的次数 K'，用 ξ 代表鲁棒性，$ξ=K/K'×100\%$，ξ 越大，说明该方案的鲁棒性越好；反之，则越差。

鲁棒性计算结果如表 9-7 中的 ξ 所示。由表 9-7 可看出，两种方法下 ξ 均为 100，系统均不出现切负荷和弃风现象。

在系统同样不发生切负荷和弃风现象的情况下，相对田口直交表方法生成极限场景得到的规划方案而言，由矩匹配得到的规划方案不仅能够满足风电功率的随机性，具有很好的鲁棒性，而且经济性也较好。

9.5.3　IEEE24 节点系统

1. 系统介绍

IEEE24 节点系统[19]中，有 24 个节点、41 条备选支路。节点参数和支路参数如表 9-10 和表 9-11 所示。风电功率数据来源于 9.4 节所介绍的 3 个德国风电场，其中，节点 7、16 和 22 分别接入额定功率折算为 300MW 的风电场 1、2、3。

表 9-10　IEEE 24 系统节点参数

节点	火电额定出力/MW	有功负荷/MW	风电额定功率/MW	节点	火电额定出力/MW	有功负荷/MW	风电额定功率/MW
1	576	324	0	13	1773	0	0
2	576	291	0	14	0	795	0
3	0	540	0	15	645	582	0
4	0	222	0	16	465	951	300
5	0	213	0	17	0	300	0
6	0	408	0	18	1200	999	0
7	900	375	300	19	0	543	0
8	0	513	0	20	0	384	0
9	0	525	0	21	1200	0	0
10	0	585	0	22	900	0	300
11	0	0	0	23	1980	0	0
12	0	0	0	24	0	0	0

表 9-11　IEEE 24 系统支路参数

序号	i	j	电抗/p.u.	n_0	p_{max}/MW	成本/美元	n_{max}
1	1	2	0.0139	1	175	3000	3
2	1	3	0.2112	1	175	55000	3
3	1	5	0.0845	1	175	22000	3
4	2	4	0.1267	1	175	33000	3
5	2	6	0.192	1	175	50000	3
6	3	9	0.119	1	175	31000	3
7	3	24	0.0839	1	400	50000	3
8	4	9	0.1037	1	175	27000	3
9	5	10	0.0883	1	175	23000	3
10	6	10	0.0605	1	175	16000	3
11	7	8	0.0614	1	175	16000	3
12	8	9	0.1651	1	175	43000	3
13	8	10	0.1651	1	175	43000	3
14	9	11	0.0839	1	400	50000	3
15	9	12	0.0839	1	400	50000	3
16	10	11	0.0839	1	400	50000	3
17	10	12	0.0839	1	400	50000	3
18	11	13	0.0476	1	500	66000	3
19	11	14	0.0418	1	500	58000	3
20	12	13	0.0476	1	500	66000	3
21	12	23	0.0966	1	500	134000	3
22	13	23	0.0865	1	500	120000	3
23	14	16	0.0389	1	500	54000	3

序号	i	j	电抗/p.u.	n_0	p_{max}/MW	成本/美元	n_{max}
24	15	16	0.0173	1	500	24000	3
25	15	21	0.049	2	500	68000	3
26	15	24	0.0519	1	500	72000	3
27	16	17	0.0259	1	500	36000	3
28	16	19	0.0231	1	500	32000	3
29	17	18	0.0144	1	500	20000	3
30	17	22	0.1053	1	500	146000	3
31	18	21	0.0259	2	500	36000	3
32	19	20	0.0396	2	500	55000	3
33	20	23	0.0216	2	500	30000	3
34	21	22	0.0678	1	500	94000	3
35	1	8	0.1344	0	500	35000	3
36	2	8	0.1267	0	500	33000	3
37	6	7	0.192	0	500	50000	3
38	13	14	0.0447	0	500	62000	3
39	14	23	0.062	0	500	86000	3
40	16	23	0.0822	0	500	114000	3
41	19	23	0.0606	0	500	84000	3

2. 电网规划方案

根据9.3.3节所介绍方法，假设风电功率场景数 N_H =80。

1) 经济性

架设方案如表 9-12 所示。由表 9-12 可看出，所采用的矩匹配生成场景下得到的规划方案成本为 599000 美元，而采用文献[18]中所介绍的田口直交表生成极限场景下得到的规划方案成本为 687000 美元，可见，本章介绍的方法具有更好的经济性。

表 9-12　IEEE24 节点的规划方案

方案	IEEE24 节点	
	矩匹配方法	田口直交表方法
架设方案	n_{1-5}=1, n_{3-9}=1, n_{6-10}=2 n_{7-8}=3, n_{9-12}=1, n_{10-12}=1 n_{11-13}=1, n_{12-13}=1, n_{14-16}=1 n_{16-17}=1, n_{17-18}=1, n_{20-23}=1 n_{21-22}=1	n_{3-9}=1, n_{6-10}=2, n_{7-8}=3 n_{9-12}=1, n_{10-11}=2, n_{11-13}=2 n_{14-16}=1, n_{15-16}=2, n_{15-21}=1 n_{20-23}=1, n_{21-22}=1
成本/美元	599000	687000
ξ	100	100

2) 鲁棒性

鲁棒性结果如表 9-12 中的 ξ 所示。由表 9-12 可看出，应对风电功率的随机变化时，系统均无切负荷和弃风现象。而较田口直交表方法得到的规划方案而言，由矩匹配得到的规划方案经济性较好。

9.5.4　IEEE RTS-96 系统

1. 系统介绍

IEEE RTS-96 系统是一个两区域系统，由 48 个节点、71 条备选支路组成[20]。节点参数和支路参数分别如表 9-13 和表 9-14 所示。节点 107、122 和 222 分别接入风电场 1、2、3，其中，风电场 1 和 2 的额定功率折算为 1200MW，风电场 3 的额定功率折算为 800MW。

表 9-13　RTS-96 系统节点参数

节点	火电额定出力/MW	有功负荷/MW	风电额定功率/MW	节点	火电额定出力/MW	有功负荷/MW	风电额定功率/MW
1	919.2	324	0	25	919.2	324	0
2	919.2	291	0	26	919.2	291	0
3	0	540	0	27	0	540	0
4	0	222	0	28	0	222	0
5	0	213	0	29	0	213	0
6	0	408	0	30	0	408	0
7	864	375	1200	31	864	375	0
8	0	513	0	32	0	513	0
9	0	525	0	33	0	525	0
10	0	585	0	34	0	585	0
11	0	0	0	35	0	0	0
12	0	0	0	36	0	0	0
13	1027.08	795	0	37	1027.08	795	0
14	0	582	0	38	0	582	0
15	774	951	0	39	774	951	0
16	558	300	0	40	558	300	0
17	0	0	0	41	0	0	0
18	1440	999	0	42	1440	999	0
19	0	543	0	43	0	543	0
20	0	384	0	44	0	384	0
21	1440	0	0	45	1440	0	0
22	1080	0	1200	46	1080	0	800
23	2376	0	0	47	2376	0	0
24	0	0	0	48	0	0	0

表 9-14 RTS-96 系统支路参数

序号	i	j	电抗/p.u.	n_0	p_{max}/MW	成本/美元	n_{max}
1	1	2	0.014	1	175	3	3
2	1	3	0.211	1	175	55	3
3	1	5	0.085	1	175	22	3
4	2	4	0.127	1	175	33	3
5	2	6	0.192	1	175	50	3
6	3	9	0.119	1	175	31	3
7	3	24	0.084	1	400	50	3
8	4	9	0.104	1	175	27	3
9	5	10	0.088	1	175	23	3
10	6	10	0.061	1	175	16	3
11	7	8	0.061	1	175	16	3
12	7	27	0.161	1	175	42	3
13	8	9	0.165	1	175	43	3
14	8	10	0.165	1	175	43	3
15	9	11	0.084	1	400	50	3
16	9	12	0.084	1	400	50	3
17	10	11	0.084	1	400	50	3
18	10	12	0.084	1	400	50	3
19	11	13	0.048	1	500	33	3
20	11	14	0.042	1	500	29	3
21	12	13	0.048	1	500	33	3
22	12	23	0.097	1	500	67	3
23	13	23	0.087	1	500	60	3
24	13	39	0.075	1	500	52	3
25	14	16	0.059	1	500	27	3
26	15	16	0.017	1	500	12	3
27	15	21	0.049	2	500	34	3
28	15	24	0.052	1	500	36	3
29	16	17	0.026	1	500	18	3
30	16	19	0.023	1	500	16	3
31	17	18	0.014	1	500	10	3
32	17	22	0.105	1	500	73	3
33	18	21	0.026	2	500	18	3
34	19	20	0.04	2	500	27.5	3
35	20	23	0.022	2	500	15	3

续表

序号	i	j	电抗/p.u.	n_0	p_{max}/MW	成本/美元	n_{max}
36	21	22	0.068	1	500	47	3
37	23	41	0.074	1	500	51	3
38	25	26	0.014	1	175	3	3
39	25	27	0.211	1	175	55	3
40	25	29	0.085	1	175	22	3
41	26	28	0.127	1	175	33	3
42	26	30	0.192	1	175	50	3
43	27	33	0.119	1	175	31	3
44	27	48	0.084	1	400	50	3
45	28	33	0.104	1	175	27	3
46	29	34	0.088	1	175	23	3
47	30	34	0.061	1	175	16	3
48	31	32	0.061	1	175	16	3
49	32	33	0.165	1	175	43	3
50	32	34	0.165	1	175	43	3
51	33	35	0.084	1	400	50	3
52	33	36	0.084	1	400	50	3
53	34	35	0.084	1	400	50	3
54	34	36	0.084	1	400	50	3
55	35	37	0.048	1	500	33	3
56	35	38	0.042	1	500	29	3
57	36	37	0.048	1	500	33	3
58	36	47	0.097	1	500	67	3
59	37	47	0.087	1	500	60	3
60	38	40	0.059	1	500	27	3
61	39	40	0.017	1	500	12	3
62	39	45	0.049	2	500	34	3
63	39	48	0.052	1	500	36	3
64	40	41	0.026	1	500	18	3
65	40	43	0.023	1	500	16	3
66	41	42	0.014	1	500	10	3
67	41	46	0.105	1	500	73	3
68	42	45	0.026	2	500	18	3
69	43	44	0.04	2	500	27.5	3
70	44	47	0.022	2	500	15	3
71	45	46	0.068	1	500	47	3

2. 电网规划方案

根据 9.3.3 节所介绍方法，假设风电功率场景数目为 30。

1) 经济性

架设方案如表 9-15 所示。由表 9-15 可看出，采用文献[18]中所介绍的田口直交表生成极限场景下得到的规划方案成本为 789000 美元，所采用的矩匹配生成场景下得到的规划方案的成本为 710000 美元，较前者少，具有更好的经济性。

表 9-15　IEEE RTS-96 系统的规划方案

方案	矩匹配方法	田口直交表方法
架设方案	$n_{101\text{-}105}=1$, $n_{102\text{-}106}=1$, $n_{103\text{-}109}=1$ $n_{103\text{-}124}=2$, $n_{107\text{-}108}=3$, $n_{114\text{-}116}=2$ $n_{115\text{-}124}=1$, $n_{116\text{-}117}=2$, $n_{117\text{-}118}=1$ $n_{201\text{-}205}=2$, $n_{202\text{-}204}=1$, $n_{202\text{-}206}=1$ $n_{203\text{-}224}=1$, $n_{205\text{-}210}=1$, $n_{207\text{-}208}=2$ $n_{214\text{-}216}=1$, $n_{215\text{-}224}=1$, $n_{216\text{-}217}=1$ $n_{217\text{-}218}=1$	$n_{101\text{-}105}=2$, $n_{102\text{-}104}=1$, $n_{102\text{-}106}=2$ $n_{107\text{-}108}=3$, $n_{107\text{-}203}=1$, $n_{114\text{-}116}=2$ $n_{116\text{-}117}=1$, $n_{120\text{-}123}=1$, $n_{121\text{-}122}=2$ $n_{201\text{-}205}=2$, $n_{202\text{-}204}=1$, $n_{202\text{-}206}=1$ $n_{207\text{-}208}=3$, $n_{210\text{-}211}=1$, $n_{214\text{-}216}=2$ $n_{220\text{-}223}=1$, $n_{221\text{-}222}=1$
成本/美元	710000	789000
ξ	91.2	87.1

2) 鲁棒性

鲁棒性计算结果如表 9-15 中的 ξ 所示。由表 9-15 可看出，由田口直交表方法得到的规划方案的 ξ 为 87.1，而矩匹配方法得到的规划方案的 ξ 为 91.2，较田口直交表方法的规划方案高 4.1。由矩匹配方法得到的规划方案使系统更能够适应风电功率的随机性，具有更好的鲁棒性。

至此，通过以上 3 个算例，验证了由矩匹配得到的规划方案不仅具备较好的经济性，而且鲁棒性也较好，友好地协调了电力系统经济性和鲁棒性。

第 10 章　基于改进矩匹配的场景削减方法

10.1　引　言

  风电功率场景已被广泛应用于解决含风电电力系统的各种问题，如机组组合[21-25]、经济调度[26,27]、概率潮流[28,29]、电网规划[30]、储能容量规划[31,32]和风电功率预测[31-37]。然而，尽管风电功率场景得到广泛应用，但如何利用少量场景准确近似风电功率的随机特性仍然面临着很大挑战。

  AR[38,39]和 MC[40,41]是生成风力发电近似离散概率分布的两种常用方法。基于 AR 的方法在捕获风电功率的相关性方面具有良好的性能。然而，大多数基于 AR 的方法[42]本质上假定随机过程服从高斯分布；因此，该过程需要从非高斯分布向高斯分布进行变换。此外，生成的场景易受不确定性因素的影响。MC 法被广泛用于可靠性分析和概率潮流等方面。MC 法通常需要假设变量的特定概率分布函数，如负荷服从正态分布或风速服从威布尔分布。但是，这些假设并不适用于所有类型的负荷和风电场，因此，所生成的变量的近似离散概率分布与真实的概率分布偏差较大。

  场景削减法是另外一种生成场景的方法。其通过对历史观测样本进行约简，获得反映风电功率随机特性的代表性场景。这不仅避免了 AR 方法的非高斯分布向高斯分布的转换，而且也避免了 MC 方法对概率分布函数的假设。

  目前，用于场景削减的方法主要有以下几种。聚类方法是减少场景数量最简单的方法，其主要是最小化削减场景与原始场景之间的欧氏距离而实现。但是，聚类法本质上假设所有场景的概率是相同的，当场景的概率不相同时不适用。作为一种改进的方法，后向前向方法[45-48]是一种传统的简化方法，它考虑了不同概率的影响，但是，后向前向方法在减少大规模或中等规模场景时计算量太大。为了提高计算效率，文献[49]提出了基于改进的粒子群优化算法(PSO)。上述场景削减方法均只考虑了削减的场景和原始场景之间的空间距离，而忽略了原始场景的统计特性，所生成的场景与原始场景的近似精度不高。

  矩匹配在生成场景时，主要考虑生成场景与原始场景的统计特性的匹配。然而，矩匹配法生成场景属于非凸问题，其解算比较困难。为此，文献[15]提出了一种启发式方法来解决这个问题，但是，该方法忽略了削减后场景与原始场景的空间距离。因此，它可能导致削减场景严重偏离于原始场景[50]。

  为了提高削减场景的近似精度和计算效率,本章介绍一种改进的矩匹配法[51],

结合了传统的矩匹配法[52]、聚类方法[53]和 Cholesky 分解法[54]。首先，使用聚类方法来生成削减场景，使削减场景与原始场景之间的空间距离达到最小。然后，使用 Cholesky 分解法对场景的相关性进行迭代修正，以使其接近于原始场景的相关性。最后，采用矩匹配方法对削减场景的概率进行优化，使削减场景与原始的场景之间的随机特征偏差最小。

本章首先介绍场景削减的理论依据和关键因素，以及场景削减的几种经典方法；然后，介绍基于聚类、Cholesky 分解和矩匹配的改进矩匹配法；最后，对改进矩匹配法进行仿真验算，对改进矩匹配法的计算效率和拟合精度进行对比分析。

10.2　场景削减的基础理论

场景削减的目的在于确定初始场景集合的一个子集(即保留场景集合)，并给这个子集重新分配概率，使保留场景集合的概率分布 Q 与初始场景集合的概率分布 P 之间的概率距离最短。在随机问题中，概率距离一般用康托洛维奇(Kantorovich)距离 D_k 表示[55]。

对于一个有限的离散概率分布来说，康托洛维奇距离指的是一个线性传输问题的最优值。假设一个多维随机变量的概率分布 P 由 $\zeta^i=\{\zeta_t^i\}_{t-1}^T, i=1,\cdots,S$ 及其概率 p_i，$\sum_{i=1}^S p_i=1$ 近似给出；另一个为随机变量的概率分布 Q 由 $\tilde{\zeta}^j=\{\tilde{\zeta}_t^j\}_{t=1}^T$，$j=1,\cdots,\tilde{S}$ 及其概率 q_i，$\sum_{j=1}^{\tilde{S}} q_j=1$ 近似给出，则它们之间的康托洛维奇距离表示为[36]

$$D_k(P,Q)=\inf\left\{\sum_{i=1}^S\sum_{j=1}^{\tilde{S}}\eta_{ij}c_T(\zeta^i,\tilde{\zeta}^j):\eta_{ij}\geqslant 0,\sum_{i=1}^S\eta_{ij}=q_j,\sum_{j=1}^{\tilde{S}}\eta_{ij}=p_i,\forall i,\forall j\right\} \quad (10\text{-}1)$$

式中，$c_t(\zeta^i,\tilde{\zeta}^j)=\sum_{t=1}^T|\zeta_t^i-\tilde{\zeta}_t^j|, t=1,\cdots,T$ 为场景 ζ^i 和场景 $\tilde{\zeta}^j$ 之间的距离；S 和 $\tilde{S}$ 为场景的个数。

若令 Q 为保留场景的概率分布，即 Q 由场景 ζ^j 组成，其中 $j\in J, J\subset\{1,\cdots,S\}$ 为被削减场景的编号索引集合。如果 J 是提前给定的，那么保留场景的概率分布 Q 与初始场景的概率分布 P 之间的距离可以按照下式计算出来：

$$D_k(P,Q)=\sum_{i\in J}p_i\min_{j\notin J}c_T(\zeta^i,\zeta^j) \quad (10\text{-}2)$$

保留场景 $\zeta^j(j\notin J)$ 的新的概率 q_j 则由下式给出：

$$q_j = p_j + \sum_{i \in J(j)} p_i \tag{10-3}$$

式中，$J(j)$ 表示第 j 个保留场景。

式(10-3)为概率重新分配准则，它表明了保留场景新的概率等于它原来的概率 p_j 与所有的被它所取代的削减场景 ζ^i 的概率 p_i 之和。当场景削减过程结束后，所有被削减场景的概率之和等于 0。

10.3 场景削减的经典方法

本节对场景削减的基本方法进行介绍，包括聚类分析方法，前向削减方法，反向削减方法和矩匹配削减方法。

10.3.1 聚类分析方法

本节将介绍基于划分的聚类方法和基于层次的聚类方法。

1. 基于划分的聚类方法

基于划分的聚类方法通过目标函数最小化的策略对给定的包含 n 个数据对象的数据集合进行划分。将原始数据集合划分为 k 类，每一类即为一个簇，且要求每个类至少包含一个数据对象，划分后类内相似度较高、类间相似度较低，K-means 聚类算法和 K-medoids 聚类算法是较为常用的划分聚类算法[56]。

K-means 聚类算法将每个类中所有对象的平均值作为相似度判断依据，K-means 聚类算法的计算步骤如下。

(1)随机初始的 k 个聚类中心(即初始类的质心)。

(2)按照距离最小原则将所有对象分配到距离本身最近的类质心中。

(3)重新计算每个新的类质心。

(4)重复步骤(2)和(3)，使目标函数达到最小。

目标函数采用最小方差函数，函数的定义如式(10-4)所示。

$$E(c_1, \cdots, c_k) = \frac{1}{n} \sum_{i=1}^{k} \sum_{p \in c_i} \| p - c_i \|^2 \tag{10-4}$$

式中，p 为数据对象；n 为数据对象的数目；k 为期望得到的簇的数目；E 为研究的数据集中对象的平方误差和；c_i 代表簇 C_i 的质心，此目标函数的距离度量是欧氏距离。

K-means 算法实现过程简单，在处理大型数据集时效率高，算法的复杂度为 $O(nkt)$，t 为迭代的次数。K-medoids 聚类算法与 K-means 聚类算法过程类似，但

K-medoids 聚类算法用中心点来代替质心，选择用簇中最接近中心的一个对象来代表整体的簇。

2. 基于层次的聚类方法

基于层次的聚类算法也称为系统聚类算法，将所有数据对象看成独立的个体类，对数据进行分层建簇，计算各个类之间的距离，并将距离最小的两个类合并成新的类，重新计算新合并类和其他类之间的距离，同样选择距离最小的两个类进行合并，依次迭代重复计算直至不能再合并为止。基于层次的聚类分析算法计算复杂度较高，算法复杂度近似 $O(N^3)$，不适应大型数据集。单纯层次聚类算法终止条件含糊，可扩展性较差，因此层次聚类算法常与其他数据分析方法结合使用进行多阶段聚类，如两步聚类算法。

两步聚类算法[53]是一种常用的智能层次聚类方法，能够自动给出最佳聚类数[57]。两步聚类算法过程分为两个阶段，第一阶段构建聚类特征树，通过采用层次聚类算法，将原始样本数据进行压缩并初步聚为若干子类。第二阶段获得最优聚类结果，采用凝聚型聚类算法对第一阶段的各子类进行合并，产生一系列不同聚类数的聚类方案，通过自动查找统一全局的阈值来获得最优聚类结果。

10.3.2 前向选择法/后向削减方法

1. 前向选择法

图 10-1 为前向选择法的示意图。每经过挑选一次，情景就增加一个，如图 10-1(a) 所示起初是一个情景，经过一次前向选择法运算后，得到 2 个情景(如图 10-1(b) 所示)，再经过一次前向选择法运算后，得到 3 个情景(如图 10-1(c)所示)。

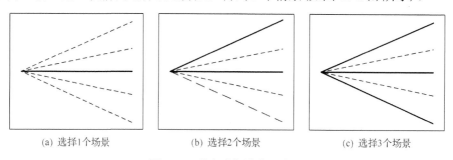

(a) 选择1个场景　　　　(b) 选择2个场景　　　　(c) 选择3个场景

图 10-1　前向选择法的示意图

前向选择法的计算流程如下[55]：

假设 **B**、**S** 分别为原始场景集合、保留场景集合，s 为保留场景数目，ε 表示场景，p 表示场景的概率。

(1)初始化保留场景集合

$$S^0 = \varnothing \tag{10-5}$$

(2)当 i 从 1 到 s 时，计算两两场景间的距离

$$c_{lk}^i = c_T(\varepsilon^l, \varepsilon^k), \quad l,k \notin S^{i-1}; l,k \in B \tag{10-6}$$

和

$$z_k^i = \sum p_l c_{lk}^i, \quad l \neq k; k \notin S^{i-1}; l,k \in B \tag{10-7}$$

确定保留场景

$$k_i = \arg\min z_k^i, \quad k_i \notin S^{i-1} \tag{10-8}$$

确定保留场景集合和更新场景概率

$$S^i = S^{i-1} \bigcup \{k_i\}, \quad p_j^* = p_j * \frac{1}{\sum\limits_{j \in S^{i-1}} p_j + p_{k_i}}, \quad j \in S^i \tag{10-9}$$

(3)经过连续选择 s 次，可得到保留场景集合 S^s 和各保留场景集合概率。其中 S^i 表示保留场景集合 S 中含有 i 个场景。

2. 后向削减法

图 10-2 为后向削减法的示意图。如图所示，每经过削减一次，场景就减少一个，如图 10-2(a)所示一共 5 个场景,经过削减一次后,剩下 4 个场景(如图 10-2(b)所示)，再经过削减一次后，剩下 3 个场景(如图 10-2(c)所示)。

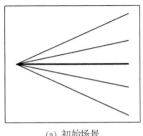 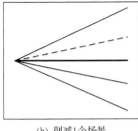 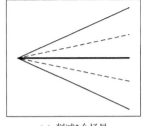

(a) 初始场景　　　　　(b) 削减1个场景　　　　　(c) 削减2个场景

图 10-2　后向削减法的示意图

后向削减法的计算流程如下[55]:

假设 B、D 分别为原始场景集合、削减场景集合，n、d 分别为原始场景数目、

削减场景数目，ε 表示场景，p 表示场景的概率。

(1) 初始化削减场景集合

$$D^0 = \varnothing \tag{10-10}$$

(2) 当 i 从 1 到 d 时，计算场景间的距离

$$c_{lk}^i = \min c_T(\varepsilon^l, \varepsilon^k), \quad l \in B, l \notin D^{i-1}; k \notin D^{i-1} \bigcup \{l\} \tag{10-11}$$

和

$$z_l^i = p_k c_{lk}^i, \quad l \notin D^{i-1} \tag{10-12}$$

确定削减场景

$$l_i = \arg\min z_l^i, \quad l_i \notin D^{i-1} \tag{10-13}$$

确定削减场景集合和更新场景

$$D^i = D^{i-1} \bigcup \{l_i\}, p_j^* = p_j * \frac{1}{\sum\limits_{j \in S^{n-i}} p_j}, \quad j \in S^{n-i} \tag{10-14}$$

(3) 经过连续削减 d 次，可得到保留场景集合 S^{n-d} 和各保留场景概率。其中 D^i 表示削减场景集合 D 中含有 i 个场景。

10.3.3　矩匹配法

考虑到所有削减场景的概率之和为 1，矩匹配法的目标是使削减后场景和原始场景之间的随机特性的偏差达到最小。通常，前 4 阶矩(均值、方差、偏度和峰度)和相关性被认为是代表性的随机特性。因此，矩匹配法(记为问题 1)相关的数学表达如下。

$$\min \sum_{n=1}^N \sum_{k=1}^4 \omega_k (m_{nk} - M_{nk})^2 + \sum_{n,l \in \{1,\cdots,N\}, n<l} \omega_r (c_{nl} - C_{nl})^2 \tag{10-15}$$

$$m_{n1} = \sum_{s=1}^S p_s w_{ns} \tag{10-15.a}$$

$$m_{n2} = \sqrt{\sum_{s=1}^S (w_{ns})^2 p_s - m_{n1}^2} \tag{10-15.b}$$

$$m_{n3} = \frac{\sum_{s=1}^{S}(w_{ns}-m_{n1})^3 \cdot p_s}{m_{n2}^3} \tag{10-15.c}$$

$$m_{n4} = \frac{\sum_{s=1}^{S}(w_{ns}-m_{n1})^4 \cdot p_s}{m_{n2}^4} \tag{10-15.d}$$

$$c_{nl} = \frac{\sum_{s=1}^{S}(w_{ns}-m_{n1})(w_{ls}-m_{l1})p_s}{\sqrt{\left[\sum_{s=1}^{S}(w_{ns}-m_{n1})(w_{ns}-m_{n1})p_s\right]\left[\sum_{s=1}^{S}(w_{ls}-m_{l1})(w_{ls}-m_{l1})p_s\right]}}, \tag{10-15.e}$$

$$n,l \in N_W, n < l$$

其中

$$\sum_{s=1}^{S}p_s = 1, \qquad p_s \geqslant 0 \tag{10-16}$$

问题 1 的符号解释如下，主要包括序号、参数、已知量和未知量。

(1) 序号。$k(k=1,2,3,4)$ 为四阶矩的序号，n 和 l 为风电场的序号，$n,l \in \{1,\cdots,N\}$。

(2) 参数。ω_k 和 ω_r 分别为前 4 阶矩偏差的惩罚系数和相关矩阵偏差惩罚系数；N 为风电场的数量；S 为削减的近似概率分布的场景数量。

(3) 已知量。M_{nk} 为风电场 n 的原始近似离散概率分布的第 k 阶矩；C_{nl} 为风电场 n 和风电场 l 场景相关性；M_{nk} 和 C_{nl} 可根据已知的原始场景由式(10-17)~式(10-21)计算得到[42]。

$$M_{n1} = \frac{\sum_{s_o=1}^{S_o}w_{ns_o}}{S_o} \tag{10-17}$$

$$M_{n2} = \sqrt{\frac{\sum_{s_o=1}^{S_o}(w_{ns_o}-M_{n1})^2}{S_o}} \tag{10-18}$$

$$M_{n3} = \frac{S_o}{(S_o-1)(S_o-2)}\sum_{s_o=1}^{S_o}\left(\frac{w_{ns_o}-M_{n1}}{M_{n2}}\right)^3 \tag{10-19}$$

$$M_{n4} = \left[\frac{S_o(S_o+1)}{(S_o-1)(S_o-2)(S_o-3)} \sum_{s_o=1}^{S_o} \left(\frac{w_{ns_o}-M_{n1}}{M_{n2}} \right)^4 \right] - 3\frac{(S_o-1)}{(S_o-2)(S_o-3)} + 3 \quad (10\text{-}20)$$

$$C_{il} = \frac{\dfrac{1}{S_o}\displaystyle\sum_{s_o=1}^{S_o}(w_{ns_o}-M_{n1})(w_{ls_o}-M_{l1})}{\sqrt{\left[\dfrac{1}{S_o}\displaystyle\sum_{s_o=1}^{S_o}(w_{ns_o}-M_{n1})(w_{ns_o}-M_{n1})\right]\left[\dfrac{1}{S_o}\displaystyle\sum_{s_o=1}^{S_o}(w_{ls_o}-M_{l1})(w_{ls_o}-M_{l1})\right]}}, \quad \forall n \neq l$$

$$(10\text{-}21)$$

式中，S_o 为原始场景数量；w_{ns_o} 为风电场 n 的第 s_o 个原始场景。

(4) 未知量。m_{nk}（$k=1,2,3,4$，$n=1,\cdots,N$）为风电场 n 削减后场景的 k 阶矩，可由式(10-15.a)～式(10-15.d)计算得到；c_{nl} 为风电场 n 和风电场 l 之间的相关性，由式(10-15.e)计算；w_{ns} 为风电场 n 的第 s 个场景；p_s 为场景 s 所对应的概率。

通过对上述符号的说明，得到问题 1 的计算复杂度如下。

从(10-15)可以看出，目标函数包括二阶项 $(m_{nk})^2$（$k=1,2,3,4$）。四阶矩 m_{n4} 包含 $p_s(p_s w_{ns})^4$ 项，如式(10-15.d)所示。因此，式(10-15)含有问题 1 难以处理的 $\left[p_s(p_s w_{ns})^4\right]^2$ 项。此外，问题 1 中没有考虑削减场景和原始场景之间的空间距离，削减场景的近似精度可能会降低[73]。

因此，降低矩匹配法的计算复杂度，考虑空间距离以提高削减场景的近似精度是非常有必要的。

10.4　基于聚类和 Cholesky 分解法的改进矩匹配法

10.4.1　基于聚类方法削减场景

聚类法的目标是使从集群中心到所有其他场景的距离最小，数学表达式如下[53]。

$$\min \sum_{s=1}^{S}\left(\sum_{j=1}^{J^s}\left|w_j^o - w_s^c\right|^2\right)^{\frac{1}{2}}, \quad w_s^c = \sum_{j=1}^{J^s}\frac{1}{J^s}w_j^o \qquad (10\text{-}22)$$

式中，w_j^o 为第 s 类的第 j 个原始场景；J^s 为第 s 类的场景数量；w_s^c 为第 s 类的集群中心；S 为类别的总数量，它等于削减场景的数量。

通过聚类可以显著减少场景数量，但由于聚类会改变场景的相关性，所以，采用 Cholesky 分解法来修正削减后场景的相关性。

10.4.2　基于 Cholesky 分解法的相关性矩阵的修正

Cholesky 分解方法如下：

$$G_W = GG^{\mathrm{T}} \tag{10-23}$$

式中，G 为下三角矩阵，其元素可由下式得到：

$$\begin{cases} g_{kk} = \left(\rho_{w_{kk}} - \sum_{m=1}^{k-1} g_{km}^2 \right)^2, & k = 1, 2, \cdots, l \\ \\ g_{ik} = \dfrac{\rho_{w_{ik}} - \sum_{m=1}^{k-1} g_{im}g_{km}}{g_{kk}}, & i = k+1, k+2, \cdots, l \end{cases} \tag{10-24}$$

假设 $\boldsymbol{R}$ 表示原始场景的相关矩阵，$(\boldsymbol{w}^c)_{N \times S} = \{w_{n,s}^c\}_{n=1,2,\cdots,N;s=1,2,\cdots,S}$ 表示通过聚类获得的削减场景。下面通过算法 1 给出将削减的场景相关矩阵的步骤。

步骤 1：按照 $\boldsymbol{R} = \boldsymbol{LL}^{\mathrm{T}}$ 进行 Cholesky 分解，其中 $\boldsymbol{L}$ 表示下三角矩阵。

步骤 2：随机生成 N 个维度的 S 个场景，计为 $\boldsymbol{w}^{\mathrm{rand}} = \{w_{n,s}^{\mathrm{rand}}\}_{n=1,2,\cdots,N;s=1,2,\cdots,S}$，其中，$N$ 代表风电场的数目。

步骤 3：通过 $(\overline{\boldsymbol{w}}^{\mathrm{rand}})_{S \times N} = (\boldsymbol{L}\boldsymbol{w}^{\mathrm{rand}})^{\mathrm{T}}$ 将 $\boldsymbol{w}^{\mathrm{rand}}$ 转换为 $\overline{\boldsymbol{w}}^{\mathrm{rand}}$。

步骤 4：按照升序排列 $\overline{\boldsymbol{w}}^{\mathrm{rand}}$ 中的元素，记录 $\overline{\boldsymbol{w}}^{\mathrm{rand}}$ 中每列元素的大小并形成顺序矩阵 $\overline{\boldsymbol{w}}^{\mathrm{rank}}$。

步骤 5：用如下步骤对 $\boldsymbol{w}^c$ 进行重新排列，①对于每一个 $i = 1, \cdots, S$，$j = 1, \cdots, N$，以矩阵 $\overline{\boldsymbol{w}}_{ij}^{\mathrm{rank}}$ 的元素为序号，查找出 $\boldsymbol{w}^c$ 相应位置的元素。②将①中选择的元素放入一个矩阵 $\overline{\boldsymbol{w}}^c$ 的第 i^{th} 行第 j^{th} 列。

步骤 6：计算矩阵 $\overline{\boldsymbol{w}}^c$ 的相关矩阵，记为 $\overline{\boldsymbol{R}}$。

步骤 7：如果 $|\boldsymbol{R} - \overline{\boldsymbol{R}}| \leqslant \varepsilon$ 并且达到最大迭代次数 $K_{\max}$，则输出 $\overline{\boldsymbol{w}}^c$，否则，返回到步骤 2。

为了便于理解形成顺序矩阵的过程(步骤 4)和重新排列元素(步骤 5)，给出了一个实例 1，其中 $\overline{\boldsymbol{w}}^{\mathrm{rand'}}$ 是 $\overline{\boldsymbol{w}}^{\mathrm{rand}}$ 的排序结果，$\overline{\boldsymbol{w}}^{\mathrm{rank}}$ 是 $\overline{\boldsymbol{w}}^{\mathrm{rand}}$ 的顺序矩阵。例如，在例 1 的步骤 4 中，第二行第一列中的元素 $\overline{\boldsymbol{w}}^{\mathrm{rand}}$ (0.1229)在第 1 列中排在第 5；那么，顺序矩阵第二行第一列中的元素值为 5。相应地，在步骤 5 中，排列第五的元素 $\overline{\boldsymbol{w}}^{\mathrm{rand}}$ (87.6408)被重新排列到第二行第一列的位置，形成一个新的矩阵 $\overline{\boldsymbol{w}}^c$。

例 10-1 说明算法 1 的过程的示例。

步骤 1：将矩阵分解为一个下三角矩阵 $L = \begin{bmatrix} 1 & 0 \\ 0.6967 & 0.7174 \end{bmatrix}$。

步骤 2：随机生成 2 维的 5 个场景，记为

$$w^{\text{rand}} = \begin{bmatrix} -1.7629 & -0.3198 \\ 0.1229 & 2.1088 \\ -0.5613 & -1.0170 \\ -0.0281 & -0.2889 \\ -1.2271 & 0.9865 \end{bmatrix}$$

步骤 3：按照式 $\overline{w}^{\text{rand}} = (Lw^{\text{rand}})^{\text{T}}$ 计算 $\overline{w}^{\text{rand}}$，得到

$$\overline{w}^{\text{rand}} = \begin{bmatrix} -1.7629 & -1.4576 \\ 0.1229 & 1.5984 \\ -0.5613 & -1.1206 \\ -0.0281 & -0.2268 \\ -1.2271 & -0.1472 \end{bmatrix}$$

步骤 4：按照列升序排列 $\overline{w}^{\text{rand}}$ 的元素，得到

$$\overline{w}^{\text{rand}'} = \begin{bmatrix} -1.7629 & -1.4576 \\ -1.2271 & -1.1206 \\ -0.5613 & -0.2268 \\ -0.0281 & -0.1472 \\ 0.1229 & 1.5984 \end{bmatrix}$$

所以，顺序矩阵 $\overline{w}^{\text{rank}}$ 为

$$\overline{w}^{\text{rank}} = \begin{bmatrix} 1 & 1 \\ 5 & 5 \\ 3 & 2 \\ 4 & 3 \\ 2 & 4 \end{bmatrix}$$

步骤 5：按照顺序矩阵 $\overline{w}^{\text{rank}}$ 对聚类方法得到的元素 w^{c} 重新进行排列。

假设

$$
\boldsymbol{w}^{\mathrm{c}} = \begin{bmatrix} 48.4969 & 48.5942 \\ 9.8630 & 9.8605 \\ 31.5950 & 16.8486 \\ 87.6408 & 73.4713 \\ 70.6745 & 23.7795 \end{bmatrix}
$$

则重新排列的矩阵为

$$
\overline{\boldsymbol{w}}^{\mathrm{c}} = \begin{bmatrix} 9.8630 & 9.8605 \\ 87.6408 & 73.4713 \\ 48.4969 & 16.8486 \\ 70.6745 & 23.7795 \\ 31.5950 & 48.5942 \end{bmatrix}
$$

10.4.3　基于矩匹配法优化削减场景的概率

通过聚类法和 Cholesky 分解法确定削减场景之后，问题 1 的变量显著减少。另外，根据文献[52]，式(10-15.b)～式(10-15.d)中的未知量 m_{n1} 可由已知量 M_{n1} 替代。另外，式(10-15.c)和式(10-15.d)中的未知量 m_{n2} 可由已知量 M_{n2} 替代。这样，问题 1 被转化为如下的问题 2。

$$
\min \sum_{n=1}^{N} \sum_{k=1}^{4} \omega_k (m_{nk} - M_{nk})^2 + \sum_{n,l \in N_w, n<l} \omega_r (c_{nl} - C_{nl})^2 \tag{10-25}
$$

$$
m_{n1} = \sum_{s=1}^{S} p_s \overline{w}_{n,s}^{\mathrm{c}} \tag{10-25.a}
$$

$$
m_{n2} = \sqrt{\sum_{s=1}^{S} (\overline{w}_{n,s}^{\mathrm{c}})^2 p_s - M_{n1}^2} \tag{10-25.b}
$$

$$
m_{n3} = \frac{\sum\limits_{s=1}^{S} (\overline{w}_{n,s}^{\mathrm{c}} - M_{n1})^3 \cdot p_s}{M_{n2}^3} \tag{10-25.c}
$$

$$
m_{n4} = \frac{\sum\limits_{s=1}^{S} (\overline{w}_{n,s}^{\mathrm{c}} - M_{n1})^4 \cdot p_s}{M_{n2}^4} \tag{10-25.d}
$$

$$c_{nl} = \frac{\sum\limits_{s=1}^{S}(\overline{w}_{n,s}^{\mathrm{c}} - M_{n1})(\overline{w}_{l,s}^{\mathrm{c}} - M_{l1})p_s}{\sqrt{\left[\sum\limits_{s=1}^{S}(\overline{w}_{n,s}^{\mathrm{c}} - M_{n1})(\overline{w}_{n,s}^{\mathrm{c}} - M_{n1})p_s\right] * \left[\sum\limits_{s=1}^{S}(\overline{w}_{l,s}^{\mathrm{c}} - M_{l1})(\overline{w}_{l,s}^{\mathrm{c}} - M_{l1})p_s\right]}}, \quad (10\text{-}25.e)$$

$$n, l \in N_W, \quad n < l$$

其中

$$\sum_{s=1}^{S} p_s = 1, \quad p_s \geqslant 0 \qquad (10\text{-}26)$$

在问题 2 中，除了概率值 p_s，$s=1,2,\cdots,S$ 之外所有变量均为已知。目标函数式 (10-25) 与问题 1 情况相似仍然包括二阶项 $(m_{nk})^2$ $(k=1,2,3,4)$。但是变量 m_{n4} 与概率 p_s 呈线性关系，如式 (10-25.d) 所示；问题 2 的最高项虽含有 $(p_s)^2$ 项，但没有如问题 1 中的 $\left[p_s(p_s w_{ns})^4\right]^2$ 项。因此，问题 2 的计算复杂度显著降低。问题 1 和问题 2 的计算复杂度比较结果如表 10-1 所示。

表 10-1　问题 1 和问题 2 的计算复杂度

问题	变量	变量的数目	最高阶数的变量
1	m_{nk}, w_{ns}, p_s	$4 \times N + N \times S + S$	$(p_s)^{10}(w_{ns})^8$
2	p_s	S	$(p_s)^2$

最后，总结了改进的矩匹配法的基本步骤如下。

步骤 1：计算原始场景的目标矩和相关矩阵，分别记为 $\boldsymbol{R}$ 和 M_{nk}，其中 $n=1,2,\cdots,N$，$k=1,2,3,4$。

步骤 2：采用 K-means 聚类方法对原始场景进行削减，得到削减场景 $(\boldsymbol{w}^{\mathrm{c}})_{N \times S} = \{w_{n,s}^{\mathrm{c}}\}_{n=1,2,\cdots,N; s=1,2,\cdots,S}$。

步骤 3：通过算法 1 将矩阵 $(\boldsymbol{w}^{\mathrm{c}})_{N \times S}$ 转换为相关矩，记为 $(\overline{\boldsymbol{w}}^{\mathrm{c}})_{S \times N}$。

步骤 4：采用矩匹配法计算 $(\overline{\boldsymbol{w}}^{\mathrm{c}})_{S \times N}$ 的概率，结果记为 p_s。

步骤 5：得到多个风电场的削减离散概率分布 $((\overline{\boldsymbol{w}}^{\mathrm{c}})_{S \times N}, \ \boldsymbol{p}_s)$。

10.5　算　例　分　析

10.5.1　算例说明

本节将描述 3 个风电场通过削减生成场景的过程。如图 10-3 所示，原始场景集合包含 10000 个场景，每个场景出现的概率为 1/10000。图中 WF1、WF2 和 WF3 分别表示风电场 1、风电场 2 和风电场 3。

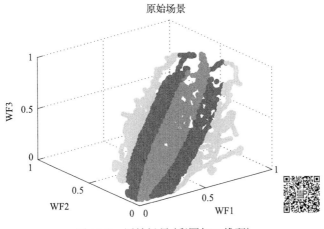

图 10-3　原始场景(彩图扫二维码)

为了与所提出的改进矩匹配法进行对比，采用矩匹配聚类法、聚类法、拉丁超立方采样法和重要采样法分别生成 10、20、40、60、80 和 100 个场景。采用前四阶矩的误差、相关性矩阵和空间距离对改进方法的优越性进行检验，其计算公式如下。

(1)矩的误差:

$$\sum_{n=1}^{N} |m_{nk} - M_{nk}| \Big/ N \tag{10-27}$$

式中，m_{nk} 和 M_{nk} 分别为第 n 个风电场削减场景和原始场景的 k 阶矩。

(2)相关性矩阵的误差:

$$\sqrt{\sum_{i=1}^{N}\sum_{l=1}^{N}(c_{il} - C_{il})^2 \Big/ N} \tag{10-28}$$

式中，c_{il} 和 C_{il} 分别为削减后的场景和原始场景的相关性矩阵中的元素值。

(3)空间距离的误差[37]:

$$\sum_{j=1}^{\bar{S}} p_j \min_{s \in \{1,2,\cdots,S\}} \{w_s - w_j\} \tag{10-29}$$

式中，w_j 为原始场景；p_j 为原始场景 w_j 的概率；$\tilde{S}$ 为原始场景的数量；w_s 为削减场景；S 为削减场景的数量。

10.5.2　改进矩匹配法的计算结果

在改进矩匹配法的模拟计算中，计算的终止条件为相关矩阵的误差和最大迭代次数分别设置为 0.05 和 40。式(10-25)中前四阶矩的惩罚因子分别设为 $\omega_1=1000$、$\omega_2=100$、$\omega_3=10$ 和 $\omega_4=1$。

图 10-4 给出了 10、40 和 100 个场景的计算结果，包括削减场景、相关矩阵、前四阶矩及削减场景的概率。与图 10-3 相比，削减场景的形状与原始场景的形状相似，其结果的近似精度将在 10.5.4 节做进一步分析。

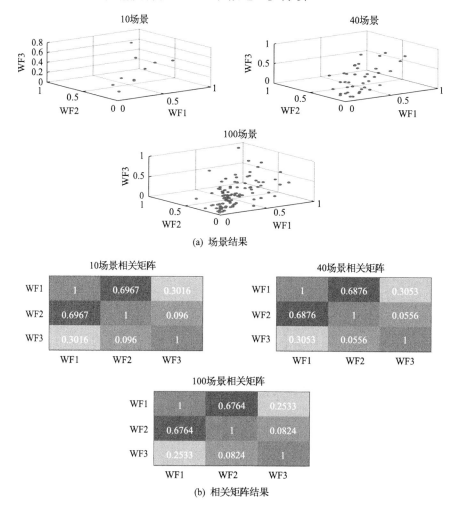

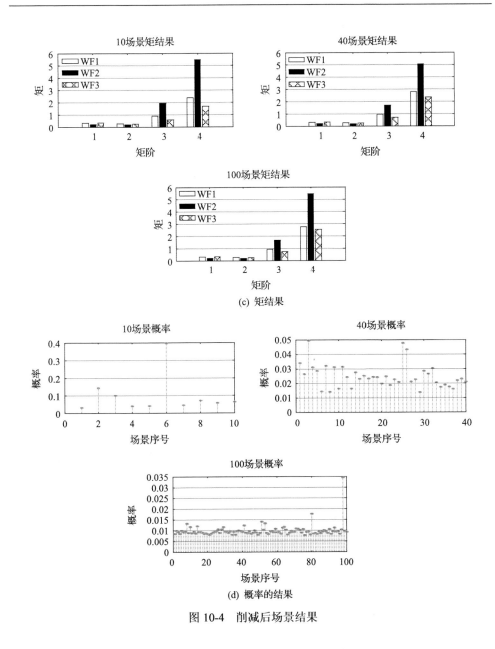

(c) 矩结果

(d) 概率的结果

图 10-4 削减后场景结果

10.5.3 改进矩匹配法的场景的计算效率分析

分别采用 3 组方案(S1、S2 和 S3)来验证改进的矩匹配法的计算效率。

方案 S1:采用反向削减法和改进的矩匹配法分别从 100、200、300、400、500、600、700、800、900 和 1000 个原始场景中生成 10 个削减场景。

方案 S2：采用改进的矩匹配法从 1000 个原始场景中分别生成 10、20、30、40、50、60、70、80、90 和 100 个削减场景。

方案 S3：采用改进的矩匹配法分别从 1000、2000、3000、4000、5000、6000、7000、8000、9000、10000、20000 和 30000 个原始场景中生成 10 个场景。

方案 S1 的程序运行时间如图 10-5(a) 所示，图中表明，反向削减法比改进的矩匹配法需要更长的计算时间。对 500 个原始场景进行削减，反向法的程序运行时间为 10830s（超过 3h），而改进矩匹配法仅为 5.58s。方案 S2 和方案 S3 的程序运行时间如图 10-5(b) 所示，由图可见，程序运行时间随着削减场景数的增加而增加，但是并不严格地随着原始场景的增加而增加。例如，8000 个原始场景的程序运行时间略短于 6000 个场景的程序运行时间，这是因为，在改进的矩匹配法中，K-means 聚类法的计算时间并不会随场景数量的增加而严格增加。

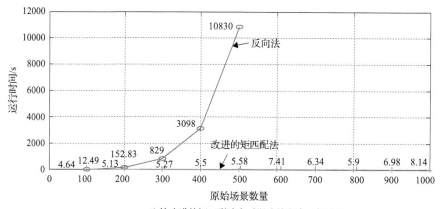

(a) 比较改进的矩匹配法和后退法的程序运行时间

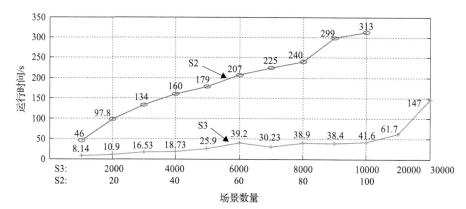

(b) 改进矩匹配法的计算时间

图 10-5　改进矩匹配法的计算效率

综上，改进矩匹配法在计算效率方面具有显著的优势。

10.5.4　改进矩匹配法的拟合精度分析

采用两组算例来验证改进矩匹配法的拟合精度。在算例 1 中，将改进矩匹配方法场景与原始场景进行对比，在算例 2 中，将改进矩匹配法分别与矩匹配法、矩匹配聚类法、拉丁超立方抽样法[58]和重要抽样法[59]进行对比。计算结果如下：

1）算例 1

图 10-6 为原始近似离散概率分布与采用改进的矩匹配法得到的 4 个削减场景的前 4 阶矩的对比结果，包括生成 20、40、60 和 80 个削减场景。图 10-6 中，所有第 1 阶矩和第 2 阶矩的平均值和方差均接近于零，这表明 4 个削减场景的均值和方差近似等于原始场景的均值和方差。此外，随着削减场景数量的增加，矩

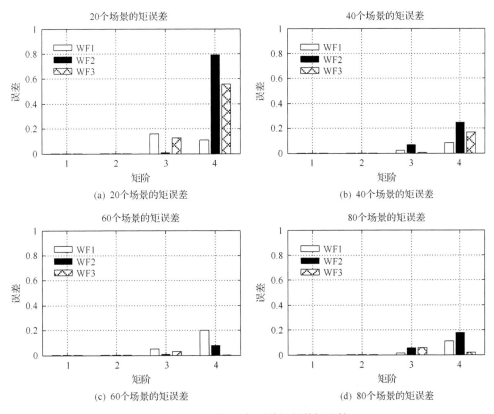

(a) 20个场景的矩误差　　　　　　　　(b) 40个场景的矩误差

(c) 60个场景的矩误差　　　　　　　　(d) 80个场景的矩误差

图 10-6　削减场景与原始场景的矩比较

的误差逐渐减小。仿真结果表明，改进矩匹配法在近似统计特征方面具有很好的效果。

相关矩阵的误差以及场景空间距离的误差比较结果如图 10-7 所示。图 10-7 中所有削减场景的相关矩阵的误差均小于 0.05。

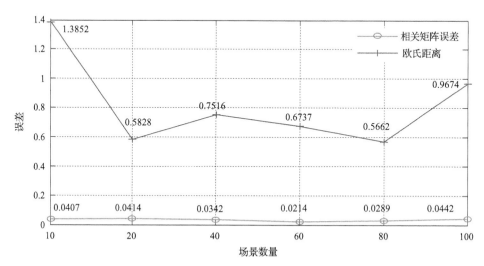

图 10-7　削减后场景与原始场景的相关矩阵误差、欧氏距离误差对比

2) 算例 2

为了便于比较，采用矩匹配聚类法、聚类法、拉丁超立方采样法和重要采样法对场景进行削减，其比较结果如图 10-8 所示。图 10-8(a)给出了改进矩匹配法、拉丁超立方采样法和重要采样法的对比结果，这些方法都是基于抽样的方法。图 10-8(b)是改进矩匹配法、矩匹配聚类法和聚类法的对比结果，这些是基于削减的方法。拉丁超立方采样法和重要采样法从风电功率的经验分布函数中抽取了 10、20、40、60、80 和 100 个场景。基于削减生成的场景，我们计算了原始场景与生成场景之间的平均值、方差、偏度、峰度、相关矩阵和空间距离的误差。图 10-8(a)所示结果表明，改进矩匹配法的所有指标显著优于其他两种方法。此外，重要采样法优于拉丁超立方采样法。

在图 10-8(b)中，3 种方法的平均误差均接近零。对于方差、偏度和峰度，聚类法效果最差。改进矩匹配法和矩匹配聚类法的效果较为接近，表明这两种方法有效地捕获了原始场景的随机特征，而改进矩匹配法的相关特性误差最小。因此，在捕获原始场景的相关特征方面，改进矩匹配法效果最好。

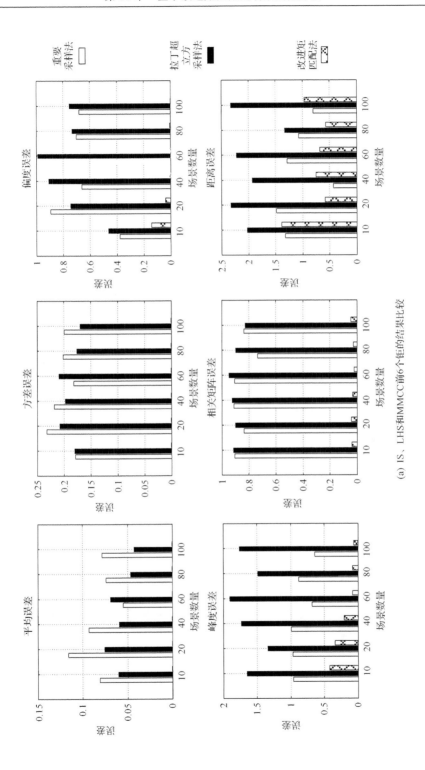

(a) IS、LHS和MMCC前6个矩的结果比较

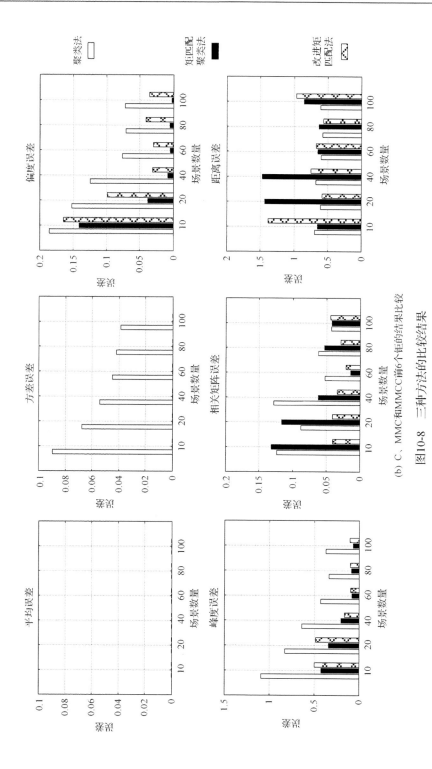

(b) C、MMC和MMCC前6个值的结果比较

图10-8　三种方法的比较结果

第11章 基于最优化理论的场景生成方法

11.1 引 言

如前所述，生成如可再生能源、电价、负荷和水电等不确定因素的时间序列场景是电力系统规划和运行中的重要任务。例如，风电功率序列场景可以为风电场容量规划[60]、输电网规划[61,62]、储能容量规划[31,32]和风电功率预测[33,34]等提供重要的参考信息。

本章介绍了一种考虑空间和随机特征距离的最优化方法，旨在进一步提高削减精度和计算速度。首先，介绍场景优化削减的基本问题；然后，建立场景优化的数学模型，提出场景优化模型的解算方法；最后，基于风电功率序列的模拟实例，对所介绍方法的模拟精度及性能进行了分析和评价。

11.2 场景优化削减的基本问题

削减原始场景的目的是通过生成少量场景，近似描述不确定变量的随机特征。通常，拟合的精度由以下 3 个指标来衡量。

(1)随机特征。前四阶矩(均值、方差、偏度和峰度)是用于描述随机特征常用的指标[12]。因此，场景削减的目标是使削减后场景与原始场景之间的前四阶矩偏差达到最小。

(2)相关性。通常采用相关系数来描述相关特征。图 11-1(a)为风电时间序列的 5 种场景，分别表示为 S1、S2、S3、S4 和 S5。如图 11-1(a)所示，C 表示不同时间段内风电功率的相关系数。例如，$C_{1,2}$ 是第一个时间段和第二个时间段的相关系数。场景削减的目标是使削减后场景与原始场景之间的相关性偏差最小。

(3)空间距离。原始场景与削减后场景之间的空间距离偏差是一个关键因素，缺少这一点，结果将不理想。因为不同的场景集合，其不确定性变量的均值、方差、偏度和峰度可能是相同的[50]。例如，图 11-1(b)左侧和右侧所示的场景集合明显不同，但是，它们具有相同的均值、方差、偏度和峰度。可见，如果忽略空间距离，将会使削减之后的场景与原始场景相差较大。

为了对上述 3 个指标同时进行优化，本章介绍了一种用于生成多时间段风电功率序列场景的数学优化模型。

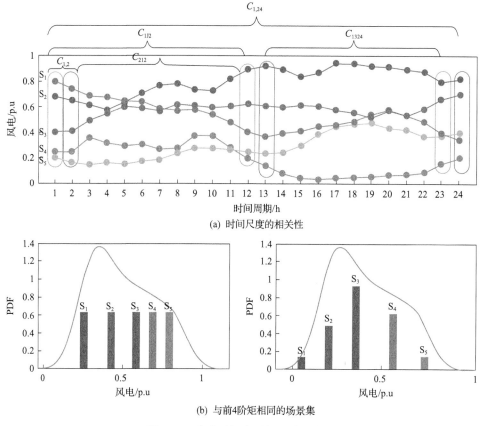

(a) 时间尺度的相关性

(b) 与前4阶矩相同的场景集

图 11-1　生成时间序列场景的示意图

11.3　场景优化削减问题的数学模型

数学模型由式 (11-1) ~ 式 (11-8) 所示，生成最佳的削减场景 $\tilde{\boldsymbol{P}}\{\zeta_{\tilde{s},1,\cdots,T},p_{\tilde{s}}\}_{\tilde{s}=1,\cdots,\tilde{S}}$ 来拟合原始场景 $\boldsymbol{P}\{\zeta_{s,1,\cdots,T},p_s\}_{s=1,\cdots,S}$，目的是使削减后场景和原始场景之间的随机特征的偏差最小，包括前四阶矩和相关系数[64]。将削减后场景和原始场景之间的空间距离定义为维持给定范围内削减后场景与原始场景之间的偏差的约束，如式 (11-6) 所示。

$$\min_{\zeta}\left\{\max\left\{\max_{q\in\{1,\cdots,Q\}}\left\{\left[\frac{1}{T}\sum_{t=1}^{T}(M_t^q)-\frac{1}{T}\sum_{t=1}^{T}(\tilde{M}_t^q)\right]^2\right\},\sqrt{\frac{2}{T(T-1)}\sum_{t_1=1}^{T}\sum_{t_2=1}^{T}(C_{t_1,t_2}-\tilde{C}_{t_1,t_2})^2}\right\}\right\}$$

$$(11\text{-}1)$$

$$\sum_{\tilde{s}=1}^{\tilde{S}} \tilde{p}_{\tilde{s}} = 1 \tag{11-2}$$

$$\sum_{s=1}^{S} p_s = 1 \tag{11-3}$$

$$M_t^q = \sum_{s=1}^{S} p_s \left(\zeta_{s,t} - \sum_{s=1}^{S} p_s \zeta_{s,t} \right)^q, \quad t = 1, \cdots, T \tag{11-4}$$

$$\tilde{M}_t^q = \sum_{\tilde{s}=1}^{\tilde{S}} \tilde{p}_{\tilde{s}} \left(\tilde{\zeta}_{\tilde{s},t} - \sum_{\tilde{s}=1}^{\tilde{S}} \tilde{p}_{\tilde{s}} \tilde{\zeta}_{\tilde{s},t} \right)^q, \quad t = 1, \cdots, T \tag{11-5}$$

$$\frac{1}{T} \sum_{k1 \in \{\boldsymbol{P} - \tilde{\boldsymbol{P}}\}} p_{k1} \min_{k2 \in \tilde{\boldsymbol{P}}} | \zeta_{k1,1,\cdots,T} - \tilde{\zeta}_{k2,1,\cdots,T} | \leqslant \varepsilon_d \tag{11-6}$$

$$C_{t_1,t_2} = \frac{\displaystyle\sum_{s=1}^{S} p_s (\zeta_{s,t_1} - M_{t_1}^1)(\zeta_{s,t_2} - M_{t_2}^1)}{\sqrt{\left[\displaystyle\sum_{s=1}^{S} p_s (\zeta_{s,t_1} - M_{t_1}^1)(\zeta_{s,t_1} - M_{t_1}^1) \right]\left[\displaystyle\sum_{s=1}^{S} p_s (\zeta_{s,t_2} - M_{t_2}^1)(\zeta_{s,t_2} - M_{t_2}^1) \right]}} \tag{11-7}$$

$$\tilde{C}_{t_1,t_2} = \frac{\displaystyle\sum_{\tilde{s}=1}^{\tilde{S}} \tilde{p}_{\tilde{s}} (\tilde{\zeta}_{\tilde{s},t_1} - \tilde{M}_{t_1}^1)(\tilde{\zeta}_{\tilde{s},t_2} - \tilde{M}_{t_2}^1)}{\sqrt{\left[\displaystyle\sum_{\tilde{s}=1}^{\tilde{S}} \tilde{p}_{\tilde{s}} (\tilde{\zeta}_{\tilde{s},t_1} - \tilde{M}_{t_1}^1)(\tilde{\zeta}_{\tilde{s},t_1} - \tilde{M}_{t_1}^1) \right]\left[\displaystyle\sum_{\tilde{s}=1}^{\tilde{S}} \tilde{p}_{\tilde{s}} (\tilde{\zeta}_{\tilde{s},t_2} - \tilde{M}_{t_2}^1)(\tilde{\zeta}_{\tilde{s},t_2} - \tilde{M}_{t_2}^1) \right]}} \tag{11-8}$$

其中，式(11-6)中 $\boldsymbol{P}$ 和 $\tilde{\boldsymbol{P}}$ 分别代表原始场景和削减后场景，$\{\boldsymbol{P} - \tilde{\boldsymbol{P}}\}$ 代表所删除的场景，$\zeta_{s,1,\cdots,T}$ 和 $\tilde{\zeta}_{\tilde{s},1,\cdots,T}$ 分别为周期为 T 的原始场景 $\boldsymbol{P}$ 和削减后场景 $\tilde{\boldsymbol{P}}$ 下的风电功率时间序列；$p_s(s = 1, 2, \cdots, S)$ 和 $\tilde{p}_{\tilde{s}}(\tilde{s} = 1, 2, \cdots, \tilde{S})$ 为场景序列 $\zeta_{s,1,\cdots,T}$ 和 $\tilde{\zeta}_{\tilde{s},1,\cdots,T}$ 的概率；$\zeta_{s,t}$ 和 $\tilde{\zeta}_{\tilde{s},t}$ 分别为场景序列 $\zeta_{s,1,\cdots,T}$ 和 $\tilde{\zeta}_{\tilde{s},1,\cdots,T}$ 在 t 时刻的值，M_t^q 和 $\tilde{M}_t^q$ 分别为原始场景 $\boldsymbol{P}$ 和削减后场景 $\tilde{\boldsymbol{P}}$ 在第 t 时刻的第 $q(q = 1, 2, \cdots, Q)$ 个中心矩，此处取典型值 $Q=4$，ε_d 为空间距离的阈值。

式(11-1)的目标函数为使原始场景与削减后场景之间的第 $(1-Q)$ 阶矩和相关矩阵偏差的最大值最小，式(11-1)中原始场景与削减后场景的第 $q(q=1, 2, \cdots, Q)$ 阶矩分别由式(11-4)、式(11-5)得到，式(11-2)、式(11-3)表明削减后场景和原始场景的概率之和趋向于 1，式(11-6)表示空间距离小于给定阈值，原始场景与削减后场景的相关系数分别由式(11-7)和式(11-8)计算得到。

式(11-1)～式(11-8)中的数学模型表明了从大量原始情景下得到的可用的最优削减场景。从目标函数看，这是一个"最小化最大值"的问题。此外，该模型包含了如变量$(\zeta_{s,t})^q$、多时段$\zeta_{s,t}$ $(t=1,\cdots,T)$和离散变量$(\zeta_{s,t})^q$等高阶变量。因此，这是一个复杂的非线性问题，在下一节中介绍一种快速的启发式搜索算法来求解该问题。

11.4　场景优化削减模型的求解方法

本节提出了一种启发式搜索算法来寻找最优化模型的最优削减场景。原始场景集合$\boldsymbol{P}$由历史数据构成，其概率p被假设为已知并受到式(11-3)的约束。启发式搜索算法的流程图如图11-2所示。

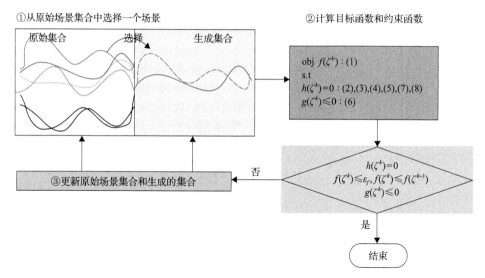

图 11-2　启发式搜索算法流程图

由图11-2可知，启发式搜索算法由3部分组成。①从原始场景集中选择场景，生成场景集合。②当削减后场景与原始场景之间的空间距离小于给定的阈值时，算法终止；③否则，它转到第1部分，更新原始场景与生成场景集。

算法具体步骤如下[64]。

步骤1：从原始场景集$\boldsymbol{P}$中随机选择一个场景$\{\zeta_{i,1,\cdots,T},p_i\}$，将其设置为当前的最优削减场景集$\tilde{\boldsymbol{P}}^{\text{opt}}$，$\tilde{S}^{\text{opt}}$为场景集$\tilde{\boldsymbol{P}}^{\text{opt}}$的数目，场景集$\tilde{\boldsymbol{P}}^{\text{opt}}$的概率$\tilde{p}$为 1，最优场景集合概率表示为$\mathbf{Pr}$，其余的表示为$\boldsymbol{P}^R = \boldsymbol{P} - \tilde{\boldsymbol{P}}^{\text{opt}}$。

步骤2：计算原始场景集$\boldsymbol{P}$与最优场景集$\tilde{\boldsymbol{P}}^{\text{opt}}$之间的随机距离$f_{\text{m}}$和空间距离$f_{\text{d}}$，根据式(11-4)和式(11-5)得到$M_t^q$和$\tilde{M}_t^q$。

$$f_{\mathrm{m}} = \max\left\{ \max_{q\in\{1,\cdots,Q\}} \left\{ \left[\frac{1}{T}\sum_{t=1}^{T}(M_t^q) - \frac{1}{T}\sum_{t=1}^{T}(\tilde{M}_t^q) \right]^2 \right\}, \sqrt{\frac{2}{T(T-1)}\sum_{t_1=1}^{T}\sum_{t_2=1}^{T}(C_{t_1,t_2} - \tilde{C}_{t_1,t_2})^2} \right\}$$

(11-9)

$$f_{\mathrm{d}} = \frac{1}{T}\sum_{k1\in\{\boldsymbol{P}-\tilde{\boldsymbol{P}}^{\mathrm{opt}}\}} p_{k1} \min_{k2\in\tilde{\boldsymbol{P}}^{\mathrm{opt}}} |\zeta_{k1,1\cdots T} - \zeta_{k2,1\cdots T}|$$

(11-10)

从式(11-9)可知，随机距离 f_{m} 由前 4 阶矩的力矩距离和相关矩阵的误差组成。

如果 $f_{\mathrm{m}} \leqslant \varepsilon_{\mathrm{m}}$ 且 $f_{\mathrm{d}} \leqslant \varepsilon_{\mathrm{d}}$，则满足式(11-1)~式(11-6)，算法终止，表明削减场景 $\tilde{\boldsymbol{P}}^{\mathrm{opt}}$ 及其概率 $\tilde{p}$ 是最优解；否则，转到步骤 3。其中，ε_m 和 ε_d 分别为随机特征距离和空间距离偏差的阈值。

步骤 3：从剩余场景 $\boldsymbol{P}^R$ 中随机选择一个场景 $\{\zeta_{j,1\cdots T}, p_j\}$，并按 $\boldsymbol{P}^R = \boldsymbol{P}^R - \{\zeta_{j,1\cdots T}, p_j\}$ 进行更新。根据式(11-11)计算所选场景 $\{\zeta_{j,1\cdots T}, p_j\}$ 与最优削减场景集 $\tilde{\boldsymbol{P}}^{\mathrm{opt}}$ 的空间距离。

$$c = \min_{\tilde{\zeta}_{l,1\cdots T}\in\tilde{\boldsymbol{P}}^{\mathrm{opt}}} p_j \sum_{t=1}^{T} |\zeta_{j,1\cdots T} - \tilde{\zeta}_{l,1\cdots T}|$$

(11-11)

如果 $c \geqslant \varepsilon_s$，根据式(11-12)~式(11-14)更新场景 $\mathbf{Pr}$、$\tilde{\boldsymbol{P}}^{\mathrm{opt}}$ 和场景 $\tilde{\boldsymbol{P}}^{\mathrm{opt}}$ 的概率 $\tilde{p}$。

$$\tilde{\zeta}_{(\tilde{S}^{\mathrm{opt}}+1),1\cdots T} = \zeta_{j,1\cdots T}, \quad \tilde{\boldsymbol{P}}^{\mathrm{opt}} = \tilde{\boldsymbol{P}}^{\mathrm{opt}}\bigcup\{\tilde{\zeta}_{(\tilde{S}^{\mathrm{opt}}+1),1\cdots T}\}$$

(11-12)

$$\mathbf{Pr} = \mathbf{Pr}\bigcup\{p_j\}$$

(11-13)

$$\tilde{p}_k = \mathbf{Pr}(k) / \sum_{m=1}^{\tilde{S}^{\mathrm{opt}}+1} \mathbf{Pr}(m), \quad k = 1,2,\cdots,\tilde{S}^{\mathrm{opt}}+1$$

(11-14)

如果 $c < \varepsilon_s$，寻找 $\tilde{\boldsymbol{P}}^{\mathrm{opt}}$ 中的 $\tilde{\zeta}_{l_m,1\cdots T}$，与 $\zeta_{j,1\cdots T}$ 的空间距离最小；最后，根据式(11-15)、式(11-16)更新场景 $\mathbf{Pr}$ 和场景 $\tilde{\boldsymbol{P}}^{\mathrm{opt}}$ 的概率 $\tilde{p}$。

$$\mathbf{Pr}(l_m) = \mathbf{Pr}(l_m) + p_j$$

(11-15)

$$\tilde{p}_k = \mathbf{Pr}(k) / \sum_{m=1}^{\tilde{S}^{\mathrm{opt}}} \mathbf{Pr}(m), \quad k = 1,2,\cdots,\tilde{S}^{\mathrm{opt}}$$

(11-16)

ε_s 为场景 $\tilde{\boldsymbol{P}}^{\text{opt}}$ 与削减场景之间的误差，式(11-15)和式(11-16)满足约束条件(11-2)。下一步，返回步骤 2。

11.5 风电功率时间序列模拟算例

11.5.1 算例说明

模拟中使用的风电数据来自文献[65]的网站。算例主要对比分析以下 4 个性能指标：前 4 阶矩(均值、方差、偏度和峰度)的近似精度、相关性近似精度、原始场景与削减场景之间的空间距离，以及计算时间。设置 2 个计算方案：

算例 1：将随机特征距离的阈值 ε_m 分别设置为 0.07、0.08、0.09、0.10、0.11、0.12、0.13、0.14 和 0.15，然后从 24 时段的 180 个风电功率序列中进行场景削减。11.5.2 节和 11.5.3 节对算例结果进行了分析。

算例 2：分别对 180、360、540、720、900 和 1080 个场景采用不同方法来对场景进行削减。采用了最优场景法、粒子群优化法和反向削减法[46]。11.5.4 节对计算结果进行了分析。

11.5.2 所生成的风电功率序列场景

计算 1 生成的时间序列场景如图 11-3 所示,由于篇幅限制,本章给出了如图 11-3 所示部分结果,其中将阈值设置为 0.05、0.07、0.09、0.11 和 0.15。由图 11-3 可知，生成场景的数量随着阈值的增加而减少，这意味着需要更多的场景来实现更高的近似精度。图中生成的场景与原始场景相似，近似精度将在下一节中进行详细阐述。

11.5.3 场景优化削减方法的精度分析

本节分析计算 1 生成场景的精度，并将其与原始场景的前 4 阶矩、相关性和空间距离等进行了比较。

(1)对前四阶矩和相关系数的结果比较分析，以验证实验拟合的精度。

图 11-4 给出了生成场景和原始场景的前四阶矩(均值、方差、偏度和峰度)。在图中，M1、M2、M3、M4 和 C 分别代表均值、方差、偏度、峰度和相关系数。第一时间段和其他时间段之间的相关系数如图 11-4 所示，第一时间段与其自身的相关系数为 1，相关系数的值随时间的增加而减小。如图 11-4 所示，当阈值为 0.05 时，削减后场景的矩值和相关性与原始场景相接近。当阈值为 0.15 时，其值将远离原始值。特别地，第一时间段中削减后场景的峰值大于 2.5，而原始场景的峰值小于 2。因此，可以根据需求设置不同的阈值来控制拟合精度。

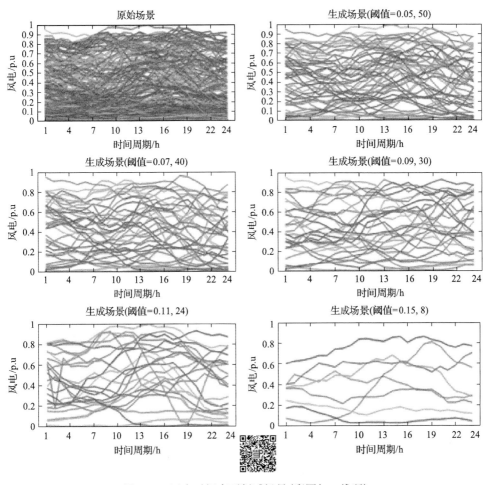

图 11-3　风电时间序列削减场景(彩图扫二维码)

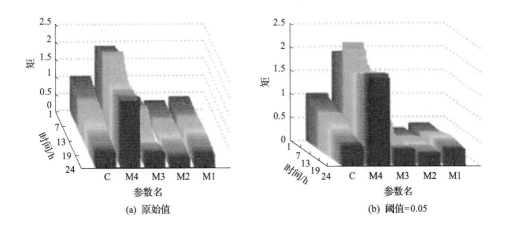

(a) 原始值　　　　　　　　　　　　　(b) 阈值=0.05

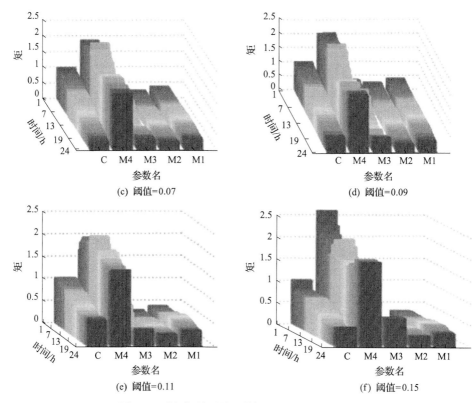

(c) 阈值=0.07

(d) 阈值=0.09

(e) 阈值=0.11

(f) 阈值=0.15

图 11-4　削减后场景与原始场景的前 4 阶矩比较

为了清楚地验证拟合精度，计算出不同阈值下的矩误差和相关系数误差，如图 11-5 所示，误差随阈值的增大而增大。均值和方差的误差较小，均小于 4%。与均值和方差相比，偏度峰度的误差较大。这表明均值和方差的特征比偏度和峰度更容易近似。

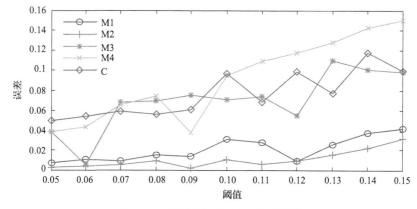

图 11-5　不同阈值下拟合误差的比较

(2)对相关系数进行对比分析，以验证拟合的精度。

在图 11-6 中比较了生成场景与原始场景的相关性。

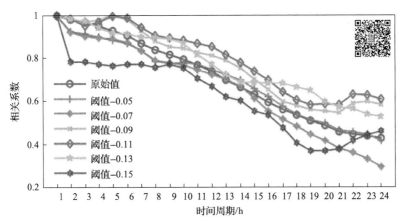

图 11-6　削减后场景与原始场景的相关系数比较(彩图扫二维码)

如图 11-6 所示，相关系数随时间逐渐减小。阈值为–0.05 的曲线最接近原始曲线，阈值为–0.15 的曲线与原始曲线的距离最大。因此，可以通过根据需要设置不同的阈值来控制拟合精度。

(3)削减后场景与原始场景之间的空间距离对比分析。

算例 1 的削减场景和原始场景之间的空间距离如图 11-7 所示。总的来说，空间距离随着阈值的增大而增大，意味着削减后场景的数量越多，距离原始场景的距离越近。

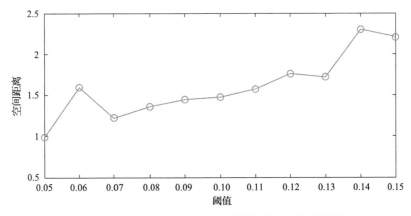

图 11-7　不同阈值下原始与削减场景的空间距离比较

11.5.4　最优场景法与其他优化方法的对比分析

为了进一步验证最优场景法，本节采用算例 2 分别对最优场景法、粒子群优化生成法和反向削减法三种方法的仿真结果进行了比较。在算例 2 中，OR 的阈值设置为 0.05，PSO 和 BK 的生成场景数设置为 50。结果分析如下。

（1）对不同方法的计算时间比较，分析各个方法的计算性能。

OR 法、BK 法和 PSO 法的计算时间如图 11-8 所示。BK 法的计算效率是 3 种方法中最低的。特别是，当原始场景的数量为 540 时，其计算时间将长达 14467s（大于 4h）。如图 11-8 所示，BK 法比 OR 法和 PSO 法耗时更长，因此在算例 2 中，BK 法仅用于从 180、360 和 540 个原始场景中削减场景。此外，OR 法的计算效率略高于 PSO 法。

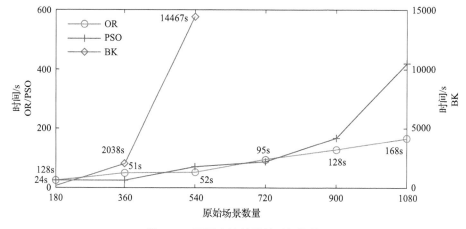

图 11-8　不同方法的计算时间比较

（2）对不同方法的拟合误差比较，分析不同方法的拟合精度。

OR 法、PSO 法和 BK 法中的拟合误差比较如图 11-9 所示。如图 11-9(a)～(d) 所示，OR 法的拟合精度最高，而 PSO 法的拟合精度最低。在图 11-9(e) 中，3 种方法的原始场景与削减后场景之间的距离均较小。如图 11-9(f) 所示，BK 法捕获相关性的效果最差。

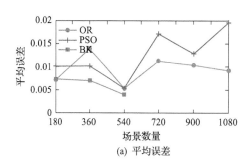

(a) 平均误差

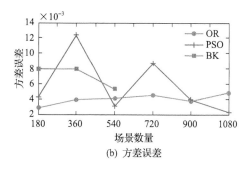

(b) 方差误差

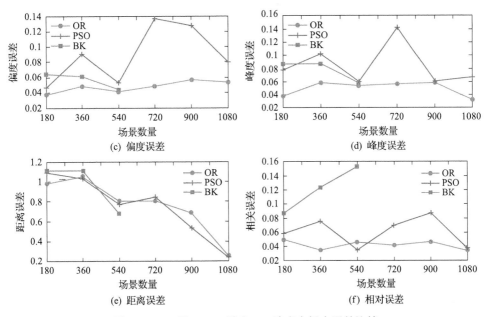

图 11-9　OR 法、PSO 法和 BK 法多余拟合误差比较

(3) 对不同方法的相关系数比较。

图 11-10(a)～(f) 给出了算例 2 削减后场景的相关系数。OR 法和 PSO 法的相关系数随时间的推移而减小。由图 11-10(a)～(c) 可知，BK 法的相关系数不随时间的推移而单调减小，这表明 BK 法无法捕获到令人满意的相关性。OR 法在 3 种方法中最接近于原始曲线，表明 OR 法在捕获相关性特征中具有明显的优势。

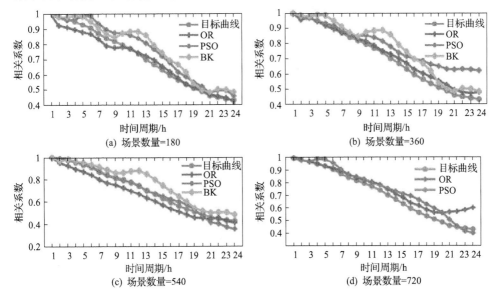

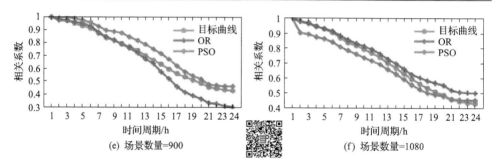

图 11-10　不同方法的相关系数比较(彩图见二维码)

第 12 章　基于双向优化技术的风电功率场景生成方法

12.1　引　　言

风电具有强随机性和强波动性，如果能够从历史数据提取出风电功率序列代表性场景，对含大规模风电电力系统的电源规划、电网规划、储能容量规划及制定典型运行方式等均具有重要意义。随机规划理论中的场景/场景树生成方法已有了一定的发展[67-71]，而将其应用于风电功率序列代表场景的生成仍然处于起步阶段[71-79]。现有的风电功率序列代表场景的生成方法有蒙特卡罗法、聚类法和场景优化生成/削减技术等。

现有方法存在以下问题：对历史序列数据进行聚类或削减，此时，得到的仅是历史已经发生过的某些场景，场景缺乏预见性，且当原始数据样本很大时，削减技术由于计算量过大而难以使用。

针对此，本章基于历史的风电功率序列，介绍一种从纵向和横向两个方向优化生成风电功率序列场景的方法。首先，介绍双向场景优化生成的基本思路；然后，给出了基于削减技术的纵向场景优化和基于禁忌搜索算法的横向场景序列生成技术的基本步骤；最后，基于爱尔兰国家电网的风电数据，对单时段风电功率预测误差和日风电功率序列场景生成进行了仿真验证。该方法无须基于某一个已知的概率分布函数，自动生成反映原始场景统计特性的日风电功率序列的代表性场景。所得场景既能反映原始场景特性，又具有对未来的可预见性，为含大规模风电电力系统运行与规划提供重要参考信息。

12.2　双向场景优化生成风电功率序列的基本思路

已知历史日风电功率序列为 $P_{W,i,t}$，其中，$i=1,2,\cdots,S_W$，$t=1,2,\cdots,T$，S_W 为风电功率序列的样本数(天数)，T 为时段数。生成反映日风电功率序列随机变化特性的双向优化技术基本思路如图 12-1 所示。

图 12-1(a)为风电功率序列 $P_{W,i,t}$ 的散点图，横轴表示时段，每日为 24 个时段，纵轴表示风电功率数值。首先，基于历史的散点图，从纵轴方向对原始样本点(场景)进行削减优化，生成反映单时段统计规律的场景(称为代表场景)，结果如

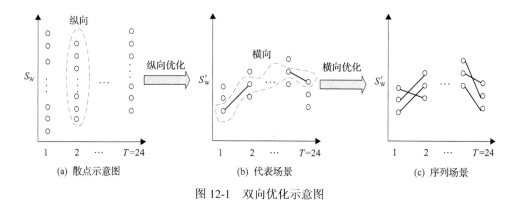

图 12-1　双向优化示意图

图 12-1(b)所示，图 12-1(b)显示每个时段均生成了 3 个代表场景。然后，从横轴方向进行优化，选择并连接每个时段的场景，形成从 $t=1$ 到 $t=T$ 的路径，即可得到日风电功率序列场景，结果如图 12-1(c)所示。

　　该场景的生成方法经过了纵向和横向两个方向的优化，因而称为"双向优化"技术。在纵轴优化方向，采用最优削减技术；在横轴优化方向，采用禁忌搜索优化算法。

12.3　基于"双向优化"日风电功率序列场景生成

12.3.1　基于削减技术的纵向场景优化

　　记第 $t(t=1,2,\cdots,T)$ 个时段的原始风电功率样本(场景) $P_{\mathrm{W},t}$ 为 (ζ_t^s, p_t^s)，$s=1,2,\cdots,S_t$，ζ_t^s 为风电功率的场景取值，p_t^s 为场景的概率，S_t 为场景的总数目。本节将历史日中各时刻的风电功率作为原始样本，假设每天发生的概率相等，即取 $p_t^s = 1/S_t$，S_t 则为历史样本中的总天数。

　　参照文献[46]，采用如下最优削减技术产生各时段最优代表场景 $Q_{\mathrm{W},t}$ $(\tilde\zeta_t^i, p_t^i)$，$i=1,2,\cdots,\tilde S_t$，$t=1,2,\cdots,T$，使 $Q_{\mathrm{W},t}$ 与 $P_{\mathrm{W},t}$ 的距离最小。该方法的基本思想是：循环计算每个时段各场景之间的距离，并逐次删除与其他场景距离之和最小的场景，直到保留场景的总数达到预设值。代表场景的数目可通过综合实际问题的需要、计算量限制和计算精度等 3 个方面因素确定。一般地，代表场景数越多，模拟的精度就越高，计算量则越大。

　　每个时段 t 的计算步骤如下。

　　初始化：设置 $Q_{\mathrm{W},t}$ 的场景数目 $\tilde S_t$，被删除的场景集合初值为 $J_{\mathrm{W},t}=[]$，保留场景集合初值为 $B_{\mathrm{W},t}=[1,2,\cdots,S_t]$，$J_{\mathrm{W},t}$ 和 $B_{\mathrm{W},t}$ 中放置场景的序号。

　　步骤 1：计算 $P_{\mathrm{W},t}$ 中两两场景的距离，形成距离矩阵 $C_t = [c_t^{i,j}]_{S_t \times S_t}$，其中，

$c_t^{i,j} = |\zeta_t^i - \zeta_t^j|$, $i=1,2,\cdots,S_t$, $j=1,2,\cdots,S_t$。

步骤 2：计算 $c_t^{l,l} = \min\limits_{j \neq l} c_t^{l,j}$ 和 $z_t^l = p_t^l c_t^{l,l}$, $l=1,2,\cdots,S_t$。

步骤 3：选择 $l^* = \min\limits_{l \in \{1,2,\cdots,S_t\}} z_t^l$。

步骤 4：更新删除场景集合 $J_{W,t} = J_{W,t} \bigcup [l^*]$，更新保留场景 $B_{W,t} = [B_{W,t}] \backslash [l^*]$。

步骤 5：判断 $B_{W,t}$ 中场景的数目是否等于 $\tilde{S}_t$？若是，退出程序，输出最优近似场景的序号 $B_{W,t}$；否则，继续以下步骤。

步骤 6：计算 $(c_t^{k,l})^* = \min\limits_{j \notin J_{W,t} \bigcup \{l\}} c_t^{k,j}$，$l \notin J_{W,t}$，$k \in J_{W,t} \bigcup \{l\}$，并定义 $z_t^l = \sum\limits_{k \in J_{W,t} \bigcup \{l\}} p_t^l (c_t^{k,l})^*$，$l \notin J_{W,t}$。

步骤 7：选择 $l^* = \min\limits_{l \notin J_{W,t}} z_t^l$，按步骤 4 进行更新。

重复步骤 4～5，最终输出的集合 $B_{W,t}$ 即为最优代表场景集合的序号。即第 t 时段的最优代表场景集合 $Q_{W,t} = P_{W,t}(B_{W,t})$。$Q_{W,t}$ 内场景 $\tilde{\zeta}_t^j$，$j \in B_{W,t}$ 的概率 q_t^j 定义为

$$q_t^j = p_t^j + \sum_{i \in J_{W,t}(j)} p_t^i \tag{12-1}$$

式中，$J_{W,t}(j) = \{i \in J_{W,t} : j = j(i)\}$，$j(i) = \min\limits_{j \in B_{W,t}} c(\zeta_t^i, \tilde{\zeta}_t^j), \forall i \in J_{W,t}$，且 $c(\zeta_t^i, \tilde{\zeta}_t^j) = |\zeta_t^i - \tilde{\zeta}_t^j|$。

式(12-1)解释为：将所删除场景的概率加上与之最接近的保留场景概率之和作为保留场景的概率 q_t^j。

12.3.2 基于禁忌搜索算法的横向场景序列生成

1. 关键设置

通过第 12.3.1 节，可得到每个时段 t 的代表场景 $(\tilde{\zeta}_t^i, q_t^i)$，$t=1,2,\cdots,T$，$i=1,2,\cdots,S_t$。从每个时段中各选择一个场景，连接在一起，可形成一个风电功率序列。然而，可选择的连接方式数量仍然非常巨大，假设每个时段生成 3 个代表场景，T 等于 24，则可生成 $3^{24} = 2.824 \times 10^{11}$ 个场景。因此，需要研究如何生成少量的序列代表场景，使其能较好地反映全部原始风电功率序列的变化规律。

下面采用禁忌搜索算法[78]生成风电功率序列场景。与粒子群算法等元启发式

算法相比，禁忌搜索算法能通过禁忌表有效地跳出局部最优解，实现更大区域的搜索，从而获得更全面代表风电功率特性的场景。通过迭代搜索，去除相近的序列场景，保留差别较大的序列场景，从而使生成的风电功率序列代表场景与风电功率序列的原始真实场景的距离尽可能小。为了应用禁忌搜索方法，结合该问题，对以下参数进行设置。

1) 初始解

根据各个时段场景 $(\tilde{\zeta}_t^i, q_t^i)$，$t=1,2,\cdots,T$，$i=1,2,\cdots,\tilde{S}_t$，随机产生 $\tilde{S}<(\tilde{S}_t)^T$（$(\tilde{S}_t)^T$ 表示 $\tilde{S}_t$ 的 T 次方）个长度为 T 的序列场景（$\zeta_s=(\tilde{\zeta}_1^i,\tilde{\zeta}_2^j,\cdots,\tilde{\zeta}_T^k)_s, q_s$），$i,j,k\in\{1,\cdots,\tilde{S}_t\}$，$s=1,2,\cdots,\tilde{S}$ 组成初始解，初始解场景的概率 q_s 按式(12-2)计算：

$$q'_s = q_1^i \times q_2^j \times \cdots q_T^k , \quad q_s = q'_s \Big/ \sum_{s=1}^{\tilde{S}} q'_s \tag{12-2}$$

从而保证初始解内的所有场景的概率满足 $\sum_{s=1}^{\tilde{S}} q_s = 1$。

2) 适应度函数

选取当前最优解内各场景的距离之和作为适应度函数：

$$f = \left[\sum_{i=1}^{\tilde{S}_Q}\tilde{q}_i\sum_{j=1}^{\tilde{S}_Q}C_T(\tilde{\zeta}_i,\tilde{\zeta}_j)\right]\Big/(\tilde{S}_Q\times\tilde{S}_Q) \tag{12-3}$$

式中，$\tilde{S}_Q$ 为当前最优解的场景个数；$\tilde{q}_i$ 为场景 $\tilde{\zeta}_i$ 的概率，C_T 定义为

$$C_T(\tilde{\zeta}_i,\tilde{\zeta}_j) = \sum_{t=1}^{T}|\tilde{\zeta}_i - \tilde{\zeta}_j| \tag{12-4}$$

适应度函数是当前最优代表场景集合内两两场景距离加权之和的均值（$\tilde{S}_Q\times\tilde{S}_Q$ 为两两场景组合的总数），场景 $\tilde{\zeta}_i$ 的概率 $\tilde{q}_i$ 作为权值。搜索过程中，选取适应度函数大的场景集合作为最优解，目的是尽量保留差异大的场景，剔除相近的场景，使所得场景更全面包括风电功率可能发生的情况。

3) 邻域结构

当前最优解的邻域构造方法如下：

(1)随机抽取所有场景的 $n(1\leq n\leq T)$ 个时段，其中 n 为预设值。

(2)随机改变此 n 个时段的取值作为邻域场景。改变 n 的取值可以得到不同的解邻域。

4）禁忌条件

将在当前迭代 k_{iter} 之前已出现过的所有解放入禁忌表，迭代过程中已出现过的场景将被禁忌。

5）终止准则

当相邻两次迭代的适应度函数之差 $|f_{k_{iter}+1} - f_{k_{iter}}| \leqslant \varepsilon$ 时，迭代终止。

2. 算法步骤

禁忌搜索算法求解多个时段序列最优场景的步骤如下。

初始化：给定最优场景解 Q 的场景个数 $\tilde{S}$，产生初始解 Q_0，置禁忌表为空，按式(12-3)计算 Q_0 的适应度函数 f_0，迭代次数 $k_{iter}=0$，设置 ε 的初始值。

步骤 1：按上述邻域生成的方法，产生第 k_{iter} 迭代解的 N 个邻域解，N 可依据具体问题进行，本书选取 $N=[T^2]$，[]表示取整。按照式(12-2)计算邻域中各场景的概率，邻域解中所有场景均不满足禁忌条件。

步骤 2：计算第 k_{iter} 次迭代的当前解和其邻域解的适应度函数。

步骤 3：取 $f_{k_{iter}}^{opt} = \max\{f_{当前解}, f_{所有邻域解}\}$ 作为第 k_{iter} 次迭代最优解的适应度函数，其对应的最优解记为 $Q_{k_{iter}}^{opt}$。

步骤 4：计算 $|f_{k_{iter}-1}^{opt} - f_{k_{iter}}^{opt}|$，判断算法终止条件是否满足，若是，则停止算法并输出优化结果 $Q^{opt} = Q_{k_{iter}}^{opt}$；否则，$k_{iter}=k_{iter}+1$，除最优解外，将当前解和邻域解的所有场景加入禁忌表中，转步骤 1。

可见，算法通过对邻域进行迭代搜索，不断选择集合内各场景区别较大的邻域解作为最优解，直到满足终止条件。搜索过程等效于去除相近的场景，而保留差别较大的场景，使风电功率序列场景尽可能全面地表征实际风电功率序列的随机特性。

12.4　基于双向优化技术的场景生成应用分析

12.4.1　数据说明

风电功率历史样本(场景)来源于爱尔兰国家电网公司 2010 年 10 月 1 日～2011 年 9 月 30 日的风电功率预测值和实际值[65]，采样间隔为 1h，以 1 天的 24 个采样点作为一个风电功率序列，共得到 365 个风电功率序列和风电功率预测误差序列。基于这些序列，采用双向优化方法生成反映风电随机规律的场景，并对所得场景的有效性进行检验。

文献[46]～[49]均表明，预测误差具有比风电功率序列本身更优良的统计特性。因此，本节首先将风电功率序列转化为风电功率预测误差序列。预测误差(e)与实际风电功率(P_W^A)、预测风电功率(P_W^F)之间的转换关系为

$$e = (P_W^F - P_W^A) / P_W^A \tag{12-5}$$

根据式(12-5)，采用风电功率的实际值和预测值可得预测误差。若已知风电功率的预测值和预测误差，亦可通过式(12-5)换算得风电功率的实际值。

12.4.2 单时段风电功率预测误差场景生成

1. 单时段削减后场景

历史的 365 个样本(场景)最终被削减为 5 个场景，图 12-2 和图 12-3 分别为削减后所得到的单个时段风电功率预测误差的场景和对应场景概率的示意图。图 12-2 中每个矩形条的长度代表相应场景的取值，各场景的概率对应于图 12-3 矩形条的长度。图中可以看出，5 个场景的概率之和等于 1。

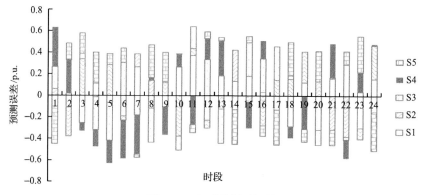

图 12-2　各时段削减场景

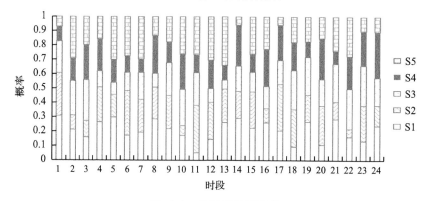

图 12-3　各时段场景概率

2. 单时段场景的验证

一般采用均值、方差、偏度和峰度 4 个指标衡量随机变量的数字统计特征，指标的定义和含义见参考文献[12]。图 12-4 为 24 个时段的近似场景(5 个)与原场景(365 个)的 4 个数字特征指标的百分比堆积柱形图。图中，实心柱和空心柱分别代表原场景和削减后场景所占的比例，中间曲线的波动代表了两者的差异程度，波动越大，差异越大，若波动为零(水平线)，则表示两者所占的比例相等。从图中可以看出，各个时段的近似场景与原场景的数字特征差异并不大，特别是方差接近相等，一定程度说明所生成的近似场景能较好地反映原场景的统计特征。

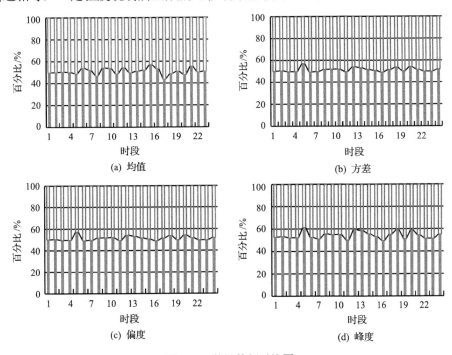

图 12-4 统计特征对比图

12.4.3 日风电功率序列场景的生成与验证

1. 日风电功率序列场景

基于每个时段产生的 5 个场景，采用禁忌搜索算法分别产生总数为 50、100 和 500 的风电功率序列代表场景集合，即分别产生 50、100 和 500 个场景表征风电功率序列的随机特性。

图 12-5 给出了适应度函数的变化过程。从适应度函数的定义式(12-3)可以知

道：场景数目越多，场景间的距离越小，其适应度函数则越小。为了能在同一张图上显示，场景数目为 100 和 500 的适应度函数分别被放大了 2 倍和 10 倍。从图中可见，迭代的目标是寻找使适应度函数增大的场景集合，适应度函数最终趋于稳定。图 12-6 为生成的总数为 100 的预测误差序列场景，图 12-7 为相对应的概率。

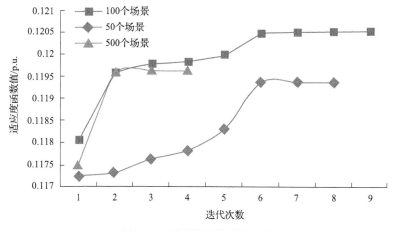

图 12-5　适应度函数变化曲线

图 12-6　风电功率预测误差序列场景（100）（彩图扫二维码）

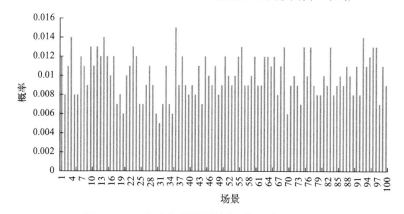

图 12-7　风电功率预测误差序列场景概率（100）

　　将所生成的预测误差场景和 Ireland 风电场群 2011 年 10 月 3 日的风电功率预测值按式(12-5)转换可得到 2011 年 10 月 3 日可能发生的风电功率序列场景，如图 12-8 所示。

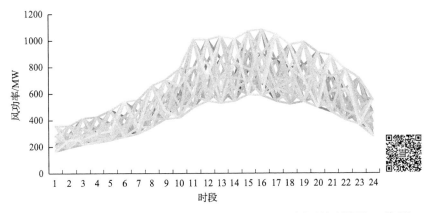

图 12-8　风电功率序列场景(2011 年 10 月 3 日，100 个场景)(彩图扫二维码)

　　图 12-9 对比了所生成的 100 个场景序列与原始序列的自相关系数(autocorrelation coefficient，ACC)。自相关系数 ACC_k 是表征风电功率序列特性的一个重要指标，计算公式如式(12-6)所示。

$$\mathrm{ACC}_k = \frac{\mathrm{cov}(x_t, x_{t+k})}{\sqrt{\mathrm{var}(x_t) \cdot \mathrm{var}(x_{t+k})}} \tag{12-6}$$

式中，x_t 为时间序列 $(x_t, \cdots, x_{n-k})$；x_{t+k} 为时间序列 $(x_{1+k}, \cdots, x_n)$；cov 与 var 分别为协方差和方差。

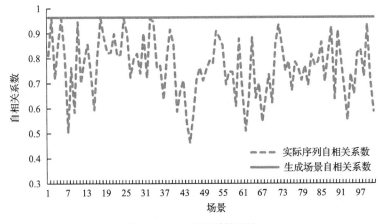

图 12-9　自相关系数对比

图 12-9 为 $k=1$, $n=24$ 的风电功率时间序列计算结果。图中，有 40 个场景的自相关系数大于 0.8，剩余部分场景的自相关系数与实际序列的自相关系数存在一定差距，主要原因是在生成风电功率时间序列时未考虑序列的自相关特性，下一步研究中有必要将自相关特性并入适应度函数进行考虑。

2. 日风电功率序列场景的验证

下面进一步对本章所提方法进行验证。

1) 验证方法

参照文献[81]，从稳定性和准确性两个方面验证所得日风电功率序列场景的有效性。具体验证方法如下。

(1) 生成 L 个日风电功率序列场景的集合 $\tilde{\zeta}_l = \{\tilde{\zeta}_{l,t,s}\}_{t=1,\cdots,T;s=1,\cdots,S_l}$, $l=1,2,\cdots,L$, T 为时段数，S_l 为场景集合 l 中场景的数目。

(2) 选择一个优化问题进行验证，将所产生的 L 个场景集合代入该问题中，计算得到 L 个目标函数。

(3) 按式 (12-7) 计算各个目标函数之间的差别 e_s，e_s 的大小反映场景生成方法的稳定程度：e_s 越小，说明场景生成方法稳定性越高，反之亦然。

$$e_s = \min_x F(x_m^*;\tilde{\zeta}_m) - \min_x F(x_l^*;\tilde{\zeta}_l), \quad m,l \in 1,\cdots,L \tag{12-7}$$

式中，F 为验证问题的目标函数；x_m^* 和 x_l^* 分别为采用场景集合 $\tilde{\zeta}_m$ 和 $\tilde{\zeta}_l$ 表征随机变量的分布时问题的最优解。

(4) 按式 (12-8) 计算场景集合 $\tilde{\zeta}_l$ 与真实场景 $\tilde{\zeta}^*$ 目标函数的区别，e_a 的大小反映场景生成方法的准确程度：e_a 越小，说明场景生成方法准确程度越高，反之亦然。

$$e_a = \min_x F(x_l^*;\tilde{\zeta}_l) - \min_x F(x^*;\tilde{\zeta}^*) \tag{12-8}$$

式中，x^* 则对应于当采用场景 $\tilde{\zeta}^*$ 表征随机变量时问题的最优解；$\tilde{\zeta}^*$ 为参考场景集合，即认为其反映随机变量的真实变化。

2) 验证结果

以所生成的 Ireland 风电场群 2011 年 10 月 3 日的风电功率序列场景作为验证数据，采用文献[6]的最优潮流模型和 IEEE-30 节点系统作为验证的优化问题。按式 (12-7) 和式 (12-8) 的定义，计算不同场景集合下，24 个时段的目标函数均值的差异，对所提算法的稳定性和准确性进行验证。

(1) 稳定性验证结果。采用双向优化方法和蒙特卡罗随机抽样方法分别产生

20($L=20$)个数目为 50、100 和 500 的场景集合，计算得到目标函数均值对比如图 12-10 所示。从图中可以看出，双向优化方法产生的场景集合目标函数均值的变化范围均小于随机抽样的方法；场景数目越多，其稳定性越好，即目标函数的所落的范围缩小，当场景数目等于 500 时，目标函数所落范围最小。从图中还可以看出，场景个数为 500 时，其稳定性还不是最理想，最理想的情况应该是所有的点目标函数相等，即重叠为 1 个点。

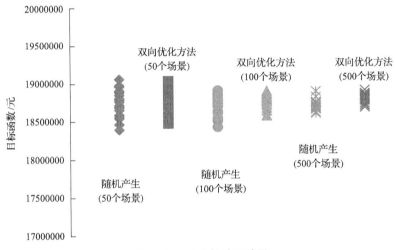

图 12-10　稳定性验证结果

（2）准确性测试结果。为了进行准确性验证，生成 10000 个场景序列作为风电功率序列的真实分布，其对应目标函数均值为 18975243 元。计算场景数目为 50、100 和 500 时的目标函数与真实目标函数的偏差，结果表 12-1 所示。表 12-1 对比了所提场景生成方法与随机生成场景方法的正确性测试结果，由表可看出，与真值相比，随着场景数目增加，双向优化方法引入的误差递减，而随机生成方法的偏差忽大忽小，说明其稳定性不如本章所介绍的"双向优化"方法。

表 12-1　准确度测试结果

场景数量	目标函数均值/元		偏差/%	
	本章方法	随机抽样	本章方法	随机抽样
50	18775101	18751759	1.054	1.178
100	18780621	18719538	1.025	1.347
500	18793920	18727330	0.964	1.324
365	18770463		1.079	
10000（真值）	18975243		0	

此外，表 12-1 给出了历史风电功率序列（365 个）的目标函数值作为对比，其

与真值的误差(1.079%)大于采用 50 个场景时产生的误差(1.054%)，说明历史风电功率序列并不能完全反映风电功率序列的随机变化特性，且其精度不及采用双向优化方法产生的数目仅为 50 的场景集。

第13章 基于 Copula 函数的场景生成方法研究

13.1 引　　言

在实际系统运行过程中，通过分析风电场出力的随机特性，构建典型风电功率场景，针对典型场景制定应对风电功率随机变化的措施，是解决含风电电力系统优化运行问题的一种途径，数学上将用这样的方法建立的模型称为"Wait-and-See(静观)"模型，简称 WS 模型。

与所有近似求解类似，利用 WS 模型表示问题的质量在很大程度上取决于场景与原问题的逼近程度。因此，如何生成尽可能逼近随机变量特性的场景是研究的关键。现阶段，对单变量的场景产生方法报道较多，也较容易实现；但多元联合分布函数的场景不易构造和模拟，现有大多数多元分布函数的构造理论都是一元分布函数的简单延伸，通常要求所有的边缘分布服从同一分布，在实际系统中，如此严格要求不容易得到满足。

针对上述问题，本章采用计量经济学中的 Copula 函数描述空间相邻风电场间的相关性，介绍一种基于 Copula 函数生成风电场出力场景的方法。首先，介绍含多风电场电力系统的 WS 优化模型；然后，采用 Copula 函数对风电场的相关性进行研究，结果表明所采用的 Copula 函数能较好地反映风电场间蕴含的关联性；接着，介绍基于 Copula 函数的场景优化方法；最后，以含 Texas 风电场电力系统的最优潮流计算为例，说明场景的应用价值。

13.2　含多风电场电力系统的优化模型

WS 优化模型通过场景对随机变量的特性进行近似和模拟。本节对含多风电场电力系统优化运行的 WS 模型进行研究，其一般模型为

$$\begin{cases} F = \min f(\boldsymbol{P}_{\mathrm{G}}, \boldsymbol{P}_{\mathrm{W}}, \boldsymbol{X}) \\ \text{s.t.} \quad \boldsymbol{h}(\boldsymbol{P}_{\mathrm{G}}, \boldsymbol{P}_{\mathrm{W}}, \boldsymbol{X}) = 0 \\ \underline{\boldsymbol{g}} \leqslant \boldsymbol{g}(\boldsymbol{P}_{\mathrm{G}}, \boldsymbol{P}_{\mathrm{W}}, \boldsymbol{X}) \leqslant \overline{\boldsymbol{g}} \end{cases} \tag{13-1}$$

式中，$\boldsymbol{P}_{\mathrm{G}}$ 为传统确定性电源变量；$\boldsymbol{P}_{\mathrm{W}}$ 为随机风电源变量；$\boldsymbol{X}$ 为电力系统的电压、无功等变量；f、$\boldsymbol{h}$、$\boldsymbol{g}$ 分别为费用函数、等式约束和不等式约束。

从模型可知，获取随机变量 $\boldsymbol{P}_{\mathrm{W}}$ 的离散场景(假设场景总数为 S)，将模型转换为对应于场景的 S 个确定性模型，是求解 WS 模型的有效途径之一。风电功率 $\boldsymbol{P}_{\mathrm{W}}$ 是难以准确预测的随机变量，但从概率统计的角度看，风电具有某些统计特性。随机变量 $\boldsymbol{P}_{\mathrm{W}}$ 的联合概率分布函数是获得场景的基础，而通常多随机变量的联合概率分布函数难以直接得到。针对此，本章通过借助多随机风电功率之间的 Copula 函数获得其联合概率分布函数的信息。

13.3　基于 Copula 函数风电场出力的相关性分析

13.3.1　Copula 函数

Copula 函数的定义在第 3 章已叙述，Copula 函数具有宽泛的适用范围，主要体现在：①若对变量进行严格单调增变化，由 Copula 函数导出的相关性测度的值不会改变；②利用 Copula 函数，可以描述随机变量间的非线性相关性，捕捉到变量之间非线性、非对称性及尾部相关关系；③可以将随机变量的边缘分布函数和它们之间的相关结构分开研究。

1)多元分布的 Sklar 定理

定理 13-1[10]　令 $F(x_1,x_2,\cdots,x_N)$ 为具有边缘分布 $F_1(x_1)$、$F_2(x_2)$、$\cdots$、$F_N(x_N)$ 的联合分布函数，则必定存在一个 Copula 函数 $C(F_1(x_1),F_2(x_2),\cdots,F_N(x_N))$，满足

$$F(x_1,x_2,\cdots,x_N)=C(F_1(x_1),F_2(x_2),\cdots,F_N(x_N)) \tag{13-2}$$

式中，$F(x_1,x_2,\cdots,x_N)$ 代表随机变量 x_1、x_2、$\cdots$、x_N 的联合分布函数。

2)Copula 模型的构建方法

结合上述相关定义定理，得到 Copula 函数的构建步骤如下：

(1)确定随机变量的边缘分布。

(2)根据随机变量相关性特点，选取合适的 Copula 函数，以便能较好地描述随机变量之间的相关关系。常用的 Copula 函数主要有正态 Copula 函数、t-Copula 函数、Gumbel Copula 函数、Clayton Copula 函数和 Frank Copula 函数等。

(3)根据已选择的 Copula 函数，估计 Copula 模型中的未知参数，本章采用极大似然方法对 Copula 模型进行参数估计。

13.3.2　描述风电场出力相关性的 Copula 函数实证

以德克萨斯州相邻两个风电场出力(用 W1 和 W2 表示)为例进行研究，风电场的地理信息为表 13-1 的 WF1 和 WF2。

表 13-1 风电场的基本地理信息

风场	位置	海拔/m	风密度/(W/m²)	风速/(m/s)	容量/MW
WF1	(31.19N,102.24W)	850	401.3	7.6	30.0
WF2	(31.19N,102.21W)	874	419	7.8	31.3

1) 确定风电功率的边缘概率分布函数[84]

通过对历史数据的分析，W1 和 W2 的概率分布函数不符合正态分布、t 分布等常见分布。因此，本节采用非参数估计法确定 W1 和 W2 的累积分布函数，如图 13-1 和图 13-2 所示。图中，细虚线为估计的累积概率函数，粗实线为经验分布函数，经验分布函数是实际分布函数的一个逼近，可与其对比判断估计的精度。由图可见，非参数估计的结果与经验分布函数虽不完全相同，但是两者的差别非常微小。

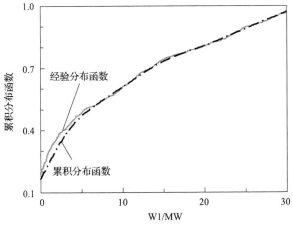

图 13-1 W1 边缘累积分布函数

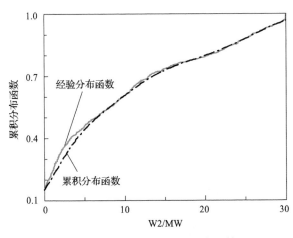

图 13-2 W2 的边缘累积分布函数

2）选取适当的 Copula 函数

在确定 W1 出力的边缘分布 $U = F(x)$ 和 W2 出力的边缘分布 $V = G(x)$ 后，可以根据二元频率直方图 $(U_i, V_i)(i = 1, 2, \cdots, n)$ 的形状（图 13-3）选取恰当的 Copula 函数结构。

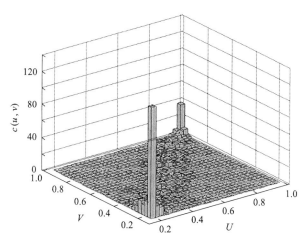

图 13-3　W1 和 W2 的频率直方图

图 13-3 为频率直方图，频率直方图可以作为 (U, V) 联合密度函数（即 Copula 密度函数）的估计。由于 (U, V) 的联合密度函数具有对称的尾部，因此可以选择二元正态 Copula 函数（式（13-3））或二元 t-Copula 函数（式（13-4））描述风电场 W1 和风电场 W2 出力的相关结构[103, 104]。

$$C_{\text{Ga}}(u, v, \rho) = \int_{-\infty}^{\Phi^{-1}(u)} \int_{-\infty}^{\Phi^{-1}(v)} \frac{1}{2\pi\sqrt{1-\rho^2}} \exp\left[-\frac{s^2 - 2\rho st + t^2}{2(1-\rho^2)}\right] \mathrm{d}s\mathrm{d}t \quad (13\text{-}3)$$

式中，Φ^{-1} 表示标准正态分布的分布函数逆函数；ρ 为变量间线性相关系数。

$$C_{\text{t}}(u, v; \rho, k) = \int_{-\infty}^{t_k^{-1}(u)} \int_{-\infty}^{t_k^{-1}(v)} \frac{1}{2\pi\sqrt{1-\rho^2}} \left[1 + \frac{s^2 - 2\rho st + t^2}{k(1-\rho^2)}\right]^{-\frac{k(k+2)}{2}} \mathrm{d}s\mathrm{d}t \quad (13\text{-}4)$$

式中，ρ 为变量间线性相关系数；k 为自由度；t_k^{-1} 表示自由度为 k 的一元 t 分布函数的逆函数。

3）参数估计与模型评价

场景的正确程度严重依赖于反映风电场的相关关系和联合概率分布的 Copula 函数的选择及参数的估计，因此 Copula 函数的形成极为重要。

本节根据风电场出力 W1 和 W2 的历史数据，采用极大似然估计法，估计二元正态 Copula 和二元 t-Copula 函数的参数。表 13-2 为模型估计所得的参数，所得模型如图 13-4 和图 13-5 所示。

表 13-2　采用极大似然估计法所得的参数

模型	相关系数	Spearman	Kendall	自由度	距离
正态 Copula	$\begin{bmatrix} 1 & 0.969\,7 \\ 0.969\,7 & 1 \end{bmatrix}$	$\begin{bmatrix} 1 & 0.966\,8 \\ 0.966\,8 & 1 \end{bmatrix}$	$\begin{bmatrix} 1 & 0.842\,9 \\ 0.842\,9 & 1 \end{bmatrix}$	—	0.204\,7
t-Copula	$\begin{bmatrix} 1 & 0.978\,3 \\ 0.978\,3 & 1 \end{bmatrix}$	$\begin{bmatrix} 1 & 0.976\,2 \\ 0.976\,2 & 1 \end{bmatrix}$	$\begin{bmatrix} 1 & 0.867\,1 \\ 0.867\,1 & 1 \end{bmatrix}$	3.961\,2	0.231\,4
经验 Copula	$\begin{bmatrix} 1 & 0.976\,5 \\ 0.976\,5 & 1 \end{bmatrix}$	$\begin{bmatrix} 1 & 0.957\,2 \\ 0.957\,2 & 1 \end{bmatrix}$	$\begin{bmatrix} 1 & 0.840\,8 \\ 0.840\,8 & 1 \end{bmatrix}$	—	0.000\,0

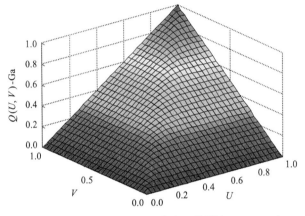

图 13-4　二元正态 Copula 分布函数图（$\rho = 0.969\,7$）

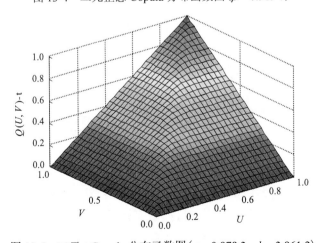

图 13-5　二元 t-Copula 分布函数图（$\rho = 0.978\,3$，$k = 3.961\,2$）

为了评价二元正态 Copula 和 t-Copula 两模型的优劣，引入经验 Copula 函数的概念以及相应的评价指标。

定义 13-1（经验 **Copula** 函数）　设 $(x_i, y_i)(i=1,2,\cdots,n)$ 为取自二维总体 (X, Y) 的样本，记 X 和 Y 的经验分布函数分别为 $F(x)$ 和 $G(y)$，定义样本的经验 Copula 函数。

$$\overline{C}_n(u,v) = \frac{1}{n}\sum_{i=1}^{n} I_{[F(x_i)\leqslant u]} I_{[G(y_i)\leqslant v]} \tag{13-5}$$

式中，$u,v \in [0, 1]$；$I_{[\cdot]}$ 为示性函数；当 $F(X_i) \leqslant u$ 时，$I_{[F(x_i)\leqslant u]} = 1$，否则 $I_{[F(x_i)\leqslant u]} = 0$。

图 13-6 所示为经验 Copula 函数，将二元正态 Copula（C_{Ga}）和二元 t-copula（C_t）与经验 Copula（C_n）函数进行欧氏距离平方（式（13-6））的比较，可以确定其优劣程度。

$$\begin{cases} d_{\mathrm{Ga}}^2 = \sum_{i=1}^{n} |C_n(u_i,v_i) - C_{\mathrm{Ga}}(u_i,v_i)|^2 \\ d_t^2 = \sum_{i=1}^{n} |C_n(u_i,v_i) - C_t(u_i,v_i)|^2 \end{cases} \tag{13-6}$$

通过欧氏距离平方比较可知，二元正态 Copula 与经验 Copula 的欧氏距离平方为 0.2074，二元 t-Copula 与经验 Copula 的欧氏距离平方为 0.2314。因此，在欧氏距离平方指标指导下，可以认为二元正态 Copula 与经验 Copula 模型能更好地拟合风电场 W1 和 W2 出力之间的相关性。

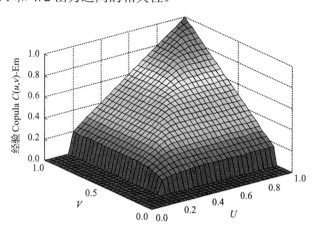

图 13-6　经验 Copula 分布函数图

对比可知，图 13-6 所示的 Copula 函数有转折，而图 13-4 和图 13-5 却没有。这说明，在这一小范围中，正态 Copula 分布或 t-Copula 分布不能很好地反映 U

和 V 的关系，但在其他部分拟合相符。

此外，表 13-2 中给出了几种随机变量相关性度量系数。Pearson 相关系数表示随机变量间的线性相关性，Kendall 秩相关系数表示随机变量间的变化趋势一致相关性，Spearman 秩相关系数表示随机变量变化一致与不一致的概率之差的倍数。对比可知，正态分布的 Kendall 秩相关系数和 Spearman 秩相关系数均与经验分布的秩相关系数更接近。说明二元正态 Copula 比 t-Copula 能更好地反映风电场出力 W1 和 W2 间的秩相关性。

13.4　基于 Copula 函数场景优化方法

13.4.1　相关说明

用一组离散概率分布 $(x_i^S, y_i^S), s = 1, 2, \cdots, S$ 来近似描述连续概率分布函数 $F(x_1, x_2, \cdots, x_N)$ 的过程，称为场景化，其中，x_i^S 为场景的分位点，p_i^S 为对应的概率，S 为场景总数。

为了方便算法说明，下文介绍基于 Copula 函数生成场景与原联合分布函数场景的转换关系。

由定理 13-1 可知 $F(x_1, x_2, \cdots, x_N) = C(F_1(x_1), F_2(x_2), \cdots, F_N(x_N))$，令 $u_i = F_i(x_i)$，上式变为 $C(F_1(x_1), F_2(x_2), \cdots, F_N(x_N)) = C(u_1, u_2, \cdots, u_N)$。

假设离散化 Copula 函数得到某一场景的分位点为 $(u_1^S, u_2^S, \cdots, u_N^S)$，由于 $u_i = F_i(x_i)$，则可通过边缘分布函数的逆运算 $x_i = F_i^{-1}(u_i)$ 得到对应于原联合分布函数场景 $(x_1^S, x_2^S, \cdots, x_N^S)$。

13.4.2　算法流程

基于 Copula 函数产生场景的基本思想是：首先，生成随机变量的边缘分布函数，由此构建多元 Copula 函数；其次，离散化 Copula 函数，得到基于 Copula 函数的离散场景，通过边缘分布函数的逆运算，得到原联合分布函数场景。具体步骤如下。

(1)产生满足 Copula 函数分布的 $N \times M$ 维数据样本，N 为样本总数，M 为随机变量维数。

(2)确定场景数目 S，采用 K-均值聚类[107]方法将 $N \times M$ 阶数据样本分为 S 类，将各类中心(该类中所有样本的均值) $\boldsymbol{u}^S = [u_1^S, u_2^S, \cdots, u_d^S]$ 作为场景的分位点；统计落在该类中的样本占样本总数的比例，将其作为各类的概率值 $p_S(s = 1, 2, \cdots, S)$。

(3) 采用式 $x_i^S = F_i^{-1}(u_i^S)$ 将 $\boldsymbol{u}^S = [u_1^S, u_2^S, \cdots, u_d^S](s = 1, 2, \cdots, S)$ 转换为原联合分布函数场景，即可获得所需场景的分位点，各分位点对应的概率为 $p_s(s = 1, 2, \cdots, S)$。

13.4.3　计算结果

仍采用表 13-1 所给的风电场数据，产生满足其 Copula 函数分布的 100000 个数据样本，利用 K-均值聚类方法[107]生成如表 13-3 所示的 6 个场景。

表 13-3　生成的场景

场景		场景 1	场景 2	场景 3	场景 4	场景 5	场景 6
Copula 函数	U	0.0863	0.2519	0.4294	0.5820	0.7473	0.9134
	V	0.0863	0.2542	0.4175	0.5833	0.7466	0.9134
	概率	0.1671	0.1660	0.1641	0.1680	0.1653	0.1695
风电功率	W1	0.0000	1.1717	3.7916	8.9799	14.7376	26.2518
	W2	0.0000	1.5758	4.3962	9.1488	16.0232	26.6483
	概率	0.1671	0.1660	0.1641	0.1680	0.1653	0.1695

由表 13-3 看出，聚类产生的各个场景概率较为均匀(在 0.167 附近)，场景的发生概率之间不存在悬殊的差异。根据表 13-3 所得风电功率场景信息，调度可提前制定出应对风电波动方案，从而保证电力系统的安全稳定运行。

13.5　算　例　分　析

13.5.1　OPF-WS 模型

为了说明场景产生在电力系统运行应对随机风电的作用，本节以最优潮流问题为例，获得与不同风电场出力场景对应的满足电力系统安全约束的电源最优出力。

在传统的最优潮流模型中，将风电场出力作为随机变量，建立 WS 随机模型。

(1)目标函数。机组的能耗费用最小，本章没有计及风力发电的成本，即认为尽可能多地使用风电出力。

$$F = \min \sum_{i \in S_G} (a_{2i}P_{Gi}^2 + a_{1i}P_{Gi} + a_{0i}) \tag{13-7}$$

式中，P_{Gi} 为第 i 台发电机的有功出力；a_{0i}、a_{1i} 和 a_{2i} 为其耗量特性曲线参数，其可从机组实时性能监测系统获取；S_G 为火电机组的集合。

(2) 约束条件。

$$
\begin{cases}
P_{Gi}+ P_{Wi} - P_{Di} - U_i \sum_{j=1}^{n} U_j (G_{ij}\cos\theta_{ij}+ B_{ij}\sin\theta_{ij}) = 0 \\
Q_{Gi} + Q_{Wi} - Q_{Di} + U_i \sum_{j=1}^{n} U_j (G_{ij}\sin\theta_{ij} - B_{ij}\cos\theta_{ij}) = 0, \quad i,j \in S_B \\
\underline{P}_{Gi} \leqslant P_{Gi} \leqslant \overline{P}_{Gi}, \qquad i \in S_G \\
\underline{P}_{Wi} \leqslant P_{Wi} \leqslant \overline{P}_{Wi}, \qquad i \in S_W \\
\underline{Q}_{Ri} \leqslant Q_{Ri} \leqslant \overline{Q}_{Ri}, \qquad i \in S_R \\
\underline{U}_i \leqslant U_i \leqslant \overline{U}_i, \qquad\quad i \in S_B \\
| P_L | \leqslant \overline{P}_L, \qquad\qquad L \in S_L
\end{cases}
\tag{13-8}
$$

式中，S_B 为系统所有节点的集合；S_G 为火电机组集合；S_W 为风电机组集合；S_R 为所有无功电源的集合；S_L 为所有支路的集合；P、Q 为机组的有功和无功出力；U_i、θ_i 为电压的幅值和相角；$\overline{\bullet}$、$\underline{\bullet}$ 为变量 $\bullet$ 的上下限。式(13-8)依次表示节点的有功功率平衡约束、无功功率平衡约束、火电机组有功出力上下界约束、风电机组有功出力上下界约束、无功电源无功上下界约束、节点电压上下界约束和支路潮流约束。

13.5.2　计算结果

以求解含 2 个风电场 IEEE 30 节点系统的 OPF-WS 为例，说明场景在电力系统优化运行中的应用。算例中的基本数据见参考文献[84]，2 个风电场数据采用表 13-1 中的 WF1 和 WF2，分别安装在节点 10 和 20，如图 13-7 所示。

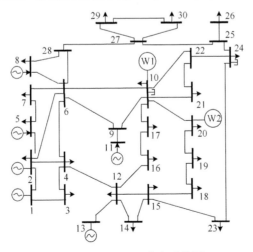

图 13-7　IEEE 30 节点系统图

将生成的场景(图 13-8)，分别代入 OPF-WS 模型进行计算，得到表 13-4 所示的计算结果。表 13-4 给出了与各种场景对应的满足系统安全约束的发电机组最优出力及其相应概率。图 13-9 给出了风电场的最大出力场景、最小出力场景和均值的情况下各电源的调度情况，依据该图，调度人员可以掌握风电的变化范围，制定出充裕安全的调度计划。

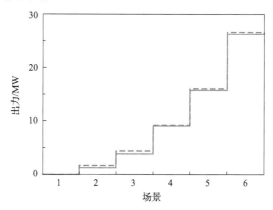

图 13-8　风电场 W1 和 W2 出力对应的场景

表 13-4　计算结果

场景	G1/p.u.	G2/p.u.	G3/p.u.	G4/p.u.	G5/p.u.	G6/p.u.	W1/kW	W2/kW	F/元	概率
S1	0.296	0.249	0.758	0.501	0.748	0.298	0.00	0.00	17 649	0.167
S2	0.293	0.247	0.751	0.496	0.740	0.296	11.72	14.76	17 315	0.166
S3	0.288	0.242	0.737	0.487	0.725	0.290	37.92	43.96	16 663	0.164
S4	0.277	0.234	0.711	0.469	0.698	0.280	89.80	91.49	17 380	0.168
S5	0.246	0.222	0.676	0.445	0.660	0.267	157.38	160.23	14 003	0.165
S6	0.242	0.204	0.622	0.408	0.603	0.245	262.62	266.48	11 839	0.170
最大值	0.242	0.204	0.622	0.408	0.603	0.245	262.62	266.48	11 839	0.170
最小值	0.296	0.249	0.758	0.501	0.748	0.298	0.00	0.00	17 649	0.167
平均值	0.274	0.232	0.709	0.467	0.695	0.279	93.86	96.93	15 797	—

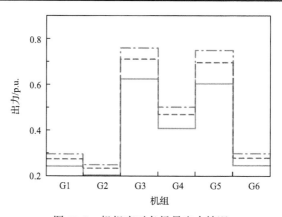

图 13-9　机组应对各场景出力情况

第 14 章　风电功率场景模拟方法研究总结

14.1　引　　言

本书下篇主要是对单风电场、多风电场、单时段、多时段等不同方面的风功率场景生成方法进行介绍。在大规模风电并网条件下，场景生成方法是处理电力系统随机不确定性的有效方法。本章对场景生成的方法进行总结，包括基于模拟场景生成方法和基于削减的场景生成方法[51]两个方面。

14.2　基于模拟的场景生成方法总结

一般来说，基于模拟的方法是以历史数据为样本，挖掘风电的随机特征，然后生成满足这些特征的场景，该方法通常会涉及一些先验假设和庞大的数据样本。

目前，学术界对于风电的场景生成方法主要有以下方法：

(1)基于蒙特卡罗的方法。由于蒙特卡罗法不能很好地捕捉风电出力时间序列的自相关特性，有学者提出了一种考虑风电时间序列的概率密度函数和自相关函数的马尔可夫链蒙特卡罗。文献[42]提出了一种改进的马尔可夫链蒙特卡罗法，称为持续变化的蒙特卡罗法。该方法考虑了风电功率的持续特性和波动特性，使生成的场景更加接近风电功率的统计特性。

(2)拉丁超立方抽样方法(LHS)。拉丁超立方采样方法由两个主要步骤组成：采样和排列[82]。采样的目的是生成反映每个随机输入变量分布的代表性样本。排列的目的是减少多输入问题中不同随机变量样本之间的相关性。LHS 在生成动态场景时，默认各个时间段面的风功率彼此相互独立，从而重新进行排列和组合以最大限度地消除不同时刻的相关性，这样的做法显然与风电功率的实际特性不符。风电功率作为一个关于时间连续的随机变量，在不同时刻的风电功率彼此存在相关性。因此，LHS 的场景生成方法有很大的局限性。

(3)自回归移动平均模型(ARMA)。ARMA 法是风电功率场景生成的一种常用方法。从理论上来说 ARMA 根据系统自身过去的状态和入侵噪声的记忆来生成场景，未来场景下某一时刻的值可以用历史序列和白噪声序列的线性组合来表示。ARMA 不需要直接考虑其他相关随机变量的相关性，但是常常需要假设风速的随机过程具有高斯分布的特征，并且需要对非平稳序列进行平滑处理[83]。

(4)Copula 函数。经济学中的 Copula 函数能很好地将多个随机变量的联合分布函数与它们各自的边缘分布函数连接起来。在多元结构中，可以利用 Copula 函数法对随机变量之间的依赖关系进行建模，此外，Copula 函数不受边缘分布函数的限制，能够得到变量之间的非线性和非对称关系[84]。该方法可以有效地避免求解联合概率分布函数的困难，所得到的场景能够更好地捕捉到随机变量之间的依赖关系，因此 Copula 函数方法能够较为准确地模拟出多风电场的出力场景。

(5)矩匹配法。矩匹配法的主要原理是将生成场景的统计特性与观测数据的统计特性相匹配，通过对数据的模拟匹配可以生成反映风电随机特性的场景[85]。矩匹配法能较好地描述风电功率的统计特征，不需要提前假设随机变量满足特定的概率分布函数，因此它在含风电的电力系统随机规划中得到了广泛应用。但是它使用非凸优化来生成与原始场景统计特征相匹配的场景，通常会带来很大的计算负担。

(6)场景树的方法。采用场景树的方法会造成结果的"维数灾"问题。因为场景数的数量与每个时间段面的抽样数量 n 和时间长度 T 有关，即 n^T。这种以指数形式增加的场景数量，可能会造成数据集过于庞大而无法求解。

部分学者还将场景生成方法分为动态场景生成和静态场景生成研究[86]。静态场景的生成只关注某一个时间段面或某几个不相关的随机变量场景的生成。动态场景的生成需要研究各随机变量跨时间断面的场景生成。因此，静态场景和动态场景的生成方法应该分开研究。

14.3　基于削减的场景生成方法总结

与基于模拟的场景生成方法不同，基于削减的场景生成方法重点在于减少某些无法满足所有约束的场景。场景削减的目的是，采用削减后的场景集求解优化问题得到的结果与采用原始场景集求解得到的结果尽量接近。当前，基于削减的场景生成方法主要有以下几种。

(1)聚类方法。聚类方法[87]是一种经典而简单的场景削减方法，聚类涉及将场景集划分为不同类的过程，同一类中的场景具有很大的相似性。聚类方法本质上假定了场景集里面每个场景的概率是相同的，所以基于聚类的场景削减方法无法描述不同概率场景间的情况。

(2)距离法。距离法是基于距离指标的场景削减方法。通过计算生成的场景与原始场景的距离，消除不满足约束条件的场景。文献[6]基于瓦瑟斯坦距离的最优场景产生法，建立基于瓦瑟斯坦距离的最优场景近似模型，通过渐进求解获得最贴近于实际情况的场景。从而得到趋近于风电功率真实实现的机组最优调度方案，减小调度计划与实际运行的偏差，对实现风电的大规模并网具有重要意义。文献[88]采用启发式的方法提出了前向选择法和后向削减法。从实验结果上看，具有良好的场景削减优化能力，操作方便、计算速度快。因此也得到了广泛的应用。

场景削减可以减少优化问题的计算量，但是目前的场景削减方法一般做法是删减极小概率的场景，保留最有可能发生的场景。然而一些极端事件发生的概率往往较低，在使用场景削减方法对其进行削减的时候，容易被忽略，因而最终得到的是为数不多的最有可能发生的场景，不能涵盖这些极端场景。但是，这些极端场景一旦发生，将会严重影响到电力系统的安全稳定运行。

下篇参考文献

[1] 孙元章, 吴俊, 李国杰, 等. 基于风速预测和随机规划的含风电场电力系统动态经济调度[J]. 中国电机工程学报, 2009, 29(4): 41-47.

[2] 赵俊华, 文福拴, 薛禹胜, 等. 计及电动汽车和风电出力不确定性的随机经济调度[J]. 电力系统自动化, 2010, 34(20): 22-29.

[3] 周玮, 彭昱, 孙辉, 等. 含风电场的电力系统动态经济调度[J]. 中国电机工程学报, 2009, 29(25): 13-18.

[4] 袁铁江, 晁勤, 李义岩, 等. 大规模风电并网电力系统经济调度中风电场出力的短期预测模型[J]. 中国电机工程学报, 2010, 30(13): 23-37.

[5] Liu X. Economic load dispatch constrained by wind power availability: A wait-and-see approach[J]. IEEE Transactions on Smart Grid, 2010, 1(3): 347-355.

[6] 黎静华, 韦化, 莫东. 含风电场最优潮流的Wait-and-See模型与最优渐近场景分析[J]. 中国电机工程学报, 2012, 32(22): 15-24.

[7] Papaefthymiou G, Bernd K. MCMC for wind power simulation[J]. IEEE Trans on Energy Conversion, 2008, 23(1): 234-240.

[8] Chen P Y, Troels P, Birgitte B, et al. ARIMA-based time series model of stochastic wind power generation[J]. IEEE Transaction on Power Systems, 2010, 25(2): 667-676.

[9] 董骁翀, 孙英云, 蒲天骄, 等. 一种基于 Wasserstein 距离及有效性指标的最优场景约简方法[J]. 中国电机工程学报, 2019, 39(16): 4650-4658, 4968.

[10] 韦艳华, 张世英. Copula 理论及其金融分析上的应用[M]. 北京: 中国环境科学出版社, 2008: 10-23.

[11] Li J Y, Ye L, Zeng Y, et al. A scenario-based robust transmission network expansion planning method for consideration of wind power uncertainties[J]. Csee Journal of Power & Energy Systems, 2016, 2(1): 11-18.

[12] Omri R. Interest Rate Scenario Generation for Stochastic Programming[D]. Copenhagen: Technical University of Denmark, 2007.

[13] Nicholas J H. Computing the nearest correlation matrix—a problem from Finance[J]. IMA Journal of Numerical Analysis, 2002, 22(3): 329-343.

[14] Philip M L, Matthew S G. An Approximate method for sampling correlated random variables from partially-specified distributions[J]. Management Science, 1998, 44(2): 203-218.

[15] Hoyland K, Kaut M, Wallace Stein W. A heuristic for moment-matching scenario generation[J]. Computational Optimization & Applications, 2003, 24(2): 169-185.

[16] Michal Kaut. Scenario Tree generation for stochastic programming: Cases from Finance[D]. Norwegian University of Science and Technology, 2003.

[17] Transparency in Energy[ER/OL]. [2015-10-1]. https://www.eex-transparency.com/renewables/.

[18] Han Y, Chuang C Y, Wong K P. Robust transmission network expansion planning method with taguchi's orthogonal array testing[J]. IEEE Transactions on Power Systems, 2011, 26(3): 1573-1580.

[19] Romero R, Rocha C, Mantovani J, et al. Constructive heuristic algorithm for the DC model in network transmission expansion planning[J]. IEE Proceedings, Part C, Generation, Transmission and Distribution, 2005, 152(2): 277-282.

[20] Grigg C, Wong P, Albrecht P, et al. The IEEE reliability test system-1996: A report prepared by the reliability test system task force of the application of probability methods subcommittee[J]. IEEE Transactions on Power Systems, 1999, 14(3): 1010-1020.

[21] Li J H, Wen J Y, Cheng S J, et al. Minimum energy storage for power system with high wind power penetration using P-efficient point theory[J]. Science China Information Sciences, 2014, 57(12): 1-12.

[22] Gafurov T, Prodanovic M. Indirect coordination of electricity demand for balancing wind power[J]. IET Renewable Power Generation, 2014, 8(8): 858-866.

[23] Peng X, Jirutitijaroen P. A stochastic optimization formulation of unit commitment with reliability constraints[J]. IEEE Transactions on Smart Grid, 2013, 4(4): 2200-2208.

[24] Parvania, Masood, Fotuhi-Firuzabad M. Demand response scheduling by stochastic SCUC[J]. IEEE Transactions on Smart Grid, 2010, 1(1): 89-98.

[25] Zhang N, Kang C Q, Xia Q, et al. A convex model of risk-based unit commitment for day-ahead market clearing considering wind power uncertainty[J]. IEEE Transactions on Power Systems, 2015, 30(3): 1582-1592.

[26] Dukpa A, Duggal I, Venkatesh B, et al. Optimal participation and risk mitigation of wind generators in an electricity market[J]. IET Renewable Power Generation, 2010, 4(2): 165-175.

[27] Soroudi A, Rabiee A. Optimal multi-area generation schedule considering renewable resources mix: A real-time approach[J]. IET Generation Transmission & Distribution, 2013, 9(7): 1011-1026.

[28] Aien M, Khajeh M G, Rashidinejad M, et al. Probabilistic power flow of correlated hybrid wind-photovoltatic power systems[J]. IET Renewable Power Generation, 2014, 8(6): 649-658.

[29] Chen Y, Wen J Y, Cheng S J. Probabilistic load flow method based on Nataf transformation and Latin hypercube sampling[J]. IEEE Transactions on Sustainable Energy, 2013, 4(2): 294-301.

[30] Lee D, Lee J, Baldick R. Wind power scenario generation for stochastic wind power generation and transmission expansion planning[C]//IEEE Power & Energy Society General Meeting, IEEE, 2014.

[31] Hashemi S, Østergaard J, Yang G. A scenario-based approach for energy storage capacity determination in LV grids with high PV penetration[J]. IEEE Transactions on Smart Grid, 2014, 5(3): 1514-1522.

[32] Mohammadi S, Mozafari B, Solymani S, et al. Stochastic scenario-based model and investigating size of energy storages for PEM-fuel cell unit commitment of micro-grid considering profitable strategies[J]. IET Generation Transmission & Distribution, 2014, 8(7): 1228-1243.

[33] Taylor J W, Mcsharry P E, Buizza R. Wind power density forecasting using ensemble predictions and time series models[J]. IEEE Transactions on Energy Conversion, 2009, 24(3): 775-782.

[34] Cui M J, Ke D P, Sun Y Z, et al. Wind power ramp event forecasting using a stochastic scenario generation method[J]. IEEE Transactions on Sustainable Energy, 2015, 6(2): 422-433.

[35] Wan C, Xu Z, Pinson P, et al. Probabilistic forecasting of wind power generation using extreme learning machine[J]. IEEE Transactions on Power Systems, 2014, 29(3): 1033-1044.

[36] Wan C, Xu Z, Pinson P. Direct interval forecasting of wind power[J]. IEEE Transactions on Power Systems, 2013, 28(4): 4877-4878.

[37] Wan C, Xu Z, Pinson P, et al. Optimal prediction intervals of wind power generation[J]. IEEE Transactions on Power Systems, 2014, 29(3): 1166-1174.

[38] Matevosyan J, Soder L. Minimization of imbalance cost trading wind power on the short-term power market[J]. IEEE Transactions on Power Systems, 2006, 21(3): 1396-1404.

[39] Woods M J, Russell C J, Davy R J, et al. Simulation of wind power at several locations using a measured time-series of wind speed[J]. IEEE Transactions on Power Systems, 2013, 28(1): 219-226.

[40] Billinton R, Wangdee W. Reliability-based transmission reinforcement planning associated with large-scale wind farms[J]. IEEE Transactions on Power Systems, 2007, 22(1): 34-41.

[41] 王蓓蓓, 刘小聪, 李扬. 面向大容量风电接入考虑用户侧互动的系统日前调度和运行模拟研究[J]. 中国电机工程学报, 2013, 33 (22): 8, 35-44.

[42] Li J H, Li J M, Wen J Y, et al. Generating wind power time series based on its persistence and variation characteristics[J]. Science China Technological Sciences, 2014, 57 (12): 2475-2486.

[43] David, Kemp. Discrete-event simulation: Modeling, programming, and analysis[J]. Journal of the Royal Statistical Society, 2003.

[44] Baringo L, Conejo A J. Correlated wind-power production and electric load scenarios for investment decisions[J]. Applied Energy, 2013, 101 (1): 475-482.

[45] Chow C, Liu C. Approximating discrete probability distributions with dependence trees[J]. IEEE Transactions on Information Theory, 1968, 14 (3): 462-467.

[46] Growe-Kuska N, Heitsch H, Romisch W. Scenario reduction and scenario tree construction for power management problem[C]//Power Tech Conference, IEEE, 2003.

[47] Razali N M M, Hashim A H. Backward reduction application for minimizing wind power scenarios in stochastic programming[C]//Power Engineering and Optimization Conference (PEOCO), 2010 4th International, Shah Alam, 2010.

[48] Sumaili J, Keko H, Miranda V, et al. Finding representative wind power scenarios and their probabilities for stochastic models[C]//Intelligent System Application to Power Systems (ISAP), 2011 16th International Conference on IEEE, Hersonissos, 2011.

[49] Pappala V S, Erlich I, Rohrig K, et al. A stochastic model for the optimal operation of a wind-thermal power system[J]. IEEE Transactions on Power Systems, 2009, 24 (2): 940-950.

[50] Hochreiter R, Pflug G C. Financial scenario generation for stochastic multi-stage decision processes as facility location problems[J]. Annals of Operations Research, 2007, 152 (1): 257-272.

[51] Li J, Zhu D. Combination of moment-matching, Cholesky and clustering methods to approximate discrete probability distribution of multiple wind farms[J]. IET Renewable Power Generation, 2016, 10 (9): 1450-1458.

[52] Xu D B, Chen Z P, Li Y. Scenario tree generation approaches using K-means and LP moment matching methods[J]. Journal Computational & Applied Mathematics, 2012, 236 (17): 4561-4579.

[53] Vattani A. K-means requires exponentially many iterations even in the plane[J]. Discrete & Computational Geometry, 2011, 45 (4), 596-616.

[54] Cheng S H, Higham N J. A modified Cholesky algorithm based on a symmetric indefinite factorization[J]. Siam Journal Matrix Analysis & Applications, 1998, 19 (4): 1097-1110.

[55] 谢上华. 随机机组组合问题中情景生成与削减技术研究[D]. 长沙: 湖南大学, 2013.

[56] 解蛟龙. 风/光/负荷典型场景缩减方法及在电网规划中的应用[D]. 合肥: 合肥工业大学, 2017.

[57] Chiu T, Fang D P, Chen J, et al. A robust and scalable clustering algorithm for mixed type attributes in large database environment[C]//Seventh Acm Sigkdd International Conference on Knowledge Discovery & Data Mining, ACM, 2001.

[58] Cai D, Shi D Y, Chen J F. Probabilistic load flow computation with polynomial normal transformation and latin hypercube sampling[J]. IET Generation, Transmission & Distribution, 2013, 7 (5): 474-482.

[59] Wang Y, Guo C X, Wu Q H. Adaptive sequential importance sampling technique for short-term composite power system adequacy evaluation[J]. IET Generation & Transmission Distribution, 2014, 8 (4): 30-741.

[60] Shan J, Botterud A, Ryan S M. Temporal versus stochastic granularity in thermal generation capacity planning with wind power[J]. IEEE Transactions on Power Systems, 2014, 29 (5): 2033-2041.

[61] Zhang N, Kang C Q, Daniel S, et al. Planning pumped storage capacity for wind power integration[J]. IEEE Transactions on Sustainable Energy, 2013, 4(2): 393-401.

[62] 刘万宇, 李华强, 张弘历, 等. 考虑灵活性供需平衡的输电网扩展规划[J]. 电力系统自动化, 2018, 42(5): 56-63.

[63] Li J, Sai W, Liu H, et al. An optimal reduction method for generating time series scenarios of wind power[C]//IEEE Power & Energy Society General Meeting, Chicago, 2017.

[64] Li J H, Lan F, Wei H. A scenario optimal reduction method for wind power time series[J]. IEEE Transactions on Power Systems, 2015, 31(2): 1657-1658.

[65] Eirgrid Group[ER/OL]. [2014-8-15]. http://www.eirgrid.com/operations/systemperformancedata/windgeneration/.

[66] Sumalili J, Keko H, Miranda V, et al. Clustering-based wind power scenario reduction technique[C]//17th Power Systems Computation Conference, Stockholm, 2011.

[67] Heitsch H, Rmisch W. Scenario tree generation for multi-stage stochastic programs[M]//Stochastic Optimization Methods in Finance and Energy. New York: Springer, 2011.

[68] Michal K. A Copula-based heuristic for scenario generation[J]. Computational Management Science, 2013, 25: 1-15.

[69] Michal K, Stein W. Shape-based scenario generation using copulas[J]. Computational Management Science, 2011, 8(1-2): 181-199.

[70] Kjetil H, Wallance S W. Generating scenario trees for multistage decision problems[J]. Management Science, 2001, 47(2): 295-307.

[71] Alvaro J D, Castronuovo E D, Sanchez I. Optimal operation of a pumped-storage hydro plant that compensates the imbalances of a wind power producer[J]. Electric Power Systems Research, 2011, 81: 1767-1777.

[72] Mello D, Lu N, Makarov Y. An optimized autoregressive forecast error generator for wind and load uncertainty study[J]. Wind Energy, 2011, 14(8): 967-976.

[73] Dupacova J, Growe-Kuska N, Romish W. Scenario reduction in stochastic programming an approach using probability metrics[J]. Math Program, 2003, 95(2): 493-511.

[74] Abbey C, Joos G. A stochastic optimization approach to rating of energy storage systems in wind-diesel isolated grids[J]. IEEE Transactions on Power Systems, 2009, 24(1): 418-426.

[75] 舒隽, 李春晓, 苏济归, 等. 复杂预想场景下电力系统备用优化模型[J]. 中国电机工程学报, 2012, 32(10): 105-110.

[76] 陈璨, 吴文传, 张伯明, 等. 基于多场景技术的有源配电网可靠性评估[J]. 中国电机工程学报, 2012, 32(34): 67-73.

[77] 高赐威, 程浩忠, 王旭. 考虑场景发生概率的柔性约束电网规划模型[J]. 中国电机工程学报, 2004, 24(11): 34-38.

[78] 邢文训. 现代优化计算方法[M]. 北京: 清华大学出版社, 2003.

[79] Sutiene K, Pranevicius H. Scenario Generation Employing copulas[C]//Proceeding of the World Congress on Engineering, London, 2007.

[80] 黎静华, 孙海顺, 文劲宇, 等. 生成风电功率时间序列场景的双向优化技术[J]. 中国电机工程学报, 2014, 34(16): 2544-2551.

[81] Michal K, Stein W. Evaluation of scenario-generation methods for stochastic programming[J]. Pacific Journal of Optimization, 2007, 3(2): 257-271.

[82] Yu H, Chung C Y, Wong K P, et al. Probabilistic load flow evaluation wth hybrid latin hypercube sampling and Cholesky decomposition[J]. IEEE Transactions on Power Systems, 2009, 24(2): 661-667.

[83] Morales J M, Mínguez R, Conejo A J. A methodology to generate statistically dependent wind speed scenarios[J]. Applied Energy, 2010, 87(3): 843-855.

[84] 黎静华, 文劲宇, 程时杰, 等. 考虑多风电场出力 Copula 相关关系的场景生成方法[J]. 中国电机工程学报, 2013, 33(16): 30-37.

[85] Ponomareva K, Roman D, Date P. An algorithm for moment-matching scenario generation with application to financial portfolio optimisation[J]. European Journal of Operational Research, 2015, 240(3): 678-687.

[86] 马溪原. 含风电电力系统的场景分析方法及其在随机优化中的应用[D]. 武汉: 武汉大学, 2014.

[87] 张斌, 庄池杰, 胡军, 等. 结合降维技术的电力负荷曲线集成聚类算法[J]. 中国电机工程学报, 2015, 35(15): 3741-3749.

[88] Dupacova J, Gröwe-Kuska N, Römisch W. Scenario reduction in stochastic programming: An approach using probability metrics[J]. Mathematical Programming, 2003, 95(2): 493-511.